Alfred Ritter von Urbanitzky

Das elektrische Licht und die elektrische Heizung

bremen university press

Alfred Ritter von Urbanitzky

Das elektrische Licht und die elektrische Heizung

ISBN/EAN: 9783955621384

Auflage: 1

Erscheinungsjahr: 2013

Erscheinungsort: Bremen, Deutschland

bremen
university
press

DAS

ELEKTRISCHE LICHT

UND DIE

ELEKTRISCHE HEIZUNG.

DARGESTELLT VON

DR. ALFRED RITTER v. URBANITZKY.

MIT 103 ABBILDUNGEN

WIEN UND LEIPZIG.

A. HARTLEBEN'S VERLAG.

1903.

Vorwort

Wenngleich die letzte Auflage vorliegenden Werkes vor noch nicht allzulanger Zeit erschienen ist, so mußte doch für die nunmehr erforderlich gewordene vierte Auflage eine gründliche Umarbeitung vorgenommen werden. Diese Umarbeitung, bedingt durch den außerordentlich raschen Fortschritt der Elektrotechnik, veranlaßte sogar, die ursprüngliche Einteilung des Buches teilweise fallen zu lassen und eine neue an deren Stelle zu setzen. Wenn letztere als eine Vereinfachung der ersteren erscheint, so glaube ich, dies als ein erfreuliches Zeichen dafür auffassen zu dürfen, daß dank dem rastlosen Arbeiten sowohl der Theoretiker als auch der Praktiker seither eine Klärung bezüglich vieler Punkte eingetreten ist, die vorher noch strittig waren. So sind namentlich in der Theorie des elektrischen Lichtes, und zwar sowohl des Glühlichtes als auch des Bogenlichtes, wesentliche Fortschritte gemacht worden, welchen ich in der vorliegenden Auflage entsprechend Rechnung tragen mußte.

Die Erweiterungen, welche unsere theoretischen Kenntnisse erfuhren, sind natürlich auch nicht ohne Einwirkung auf die Praxis geblieben und tritt dies nicht nur in der Bauart der gegenwärtig am häufigsten in Anwendung stehenden Bogenlampen hervor, sondern insbesondere bei den Glühlampen. Die Herstellung der Glühlampen, die früher von jedem Fabrikanten in an-

derer Weise betrieben worden ist, hat sich jetzt einheit-
licher gestaltet, so zwar, daß nunmehr an Stelle von
lose aneinandergereihten Einzeldarstellungen eine über-
sichtliche Zusammenfassung in wenige Abschnitte
platzgreifen konnte. Neu aufgenommen wurde der Abschnitt über elektrische Heizung.

Die übrigen Veränderungen, welche ich vorgenommen
habe, sind keine prinzipiellen, sondern bestehen nur
darin, daß ausgeschieden wurde, was sich bisher keine
praktische Bedeutung zu erringen vermochte, und neu
aufgenommen wurde, was inzwischen entstand oder
Bedeutung erlangte, wie z. B. die neueren Ansichten
über das elektrische Licht und das Leuchten überhaupt,
die Nernst- und Osmiumlampe, das Flammenbogen-
licht u. s. w. Die Beleuchtungskörper und überhaupt
die Montage wurden fast vollständig ausgeschieden, da
dieselbe sich zweckmäßiger in die inzwischen erschienene
dritte Auflage des Ergänzungsbandes (Band XI, Die
elektrischen Beleuchtungsanlagen) zu dem vorliegenden
Werke einreihen ließ.

Dr. Alfred Ritter von Urbanitzky.

VII

Inhalt.

I.

Leuchten und elektrisches Licht.

Jedes Leuchten, welcher Art immer es auch sein möge, ist als ein Ausstrahlen von Energie, entsprechend der Temperatur dieses Körpers, aufzufassen. Die Form dieser Ausstrahlung ist durch die Wellenlänge bestimmt und es gibt Wellen, deren Länge nach vielen Metern mißt, und solche, welche nur Milliontel Millimeter lang sind. Wellen größter Länge sind jene elektrischen Wellen, welche in der sogenannten drahtlosen Telegraphie zur Verwendung gelangen, und zu den Wellen kleinster Länge dürften die der Röntgenstrahlen zählen. Lichtstrahlen oder die Strömungslinien jener Energie, die unser Auge wahrzunehmen vermag, haben Wellenlängen von 0·0008 bis 0·0004 mm oder 0·8 bis 0·4 μ (1 μ = 0·001 mm). Energiestrahlen größerer Wellenlänge bezeichnen wir als Wärmestrahlen, solche geringerer Wellenlänge als chemische Strahlen. Bei jener Energiestrahlung, die durch das Auge als Lichtstrahlung zu unserer Wahrnehmung gelangt, kann die Lichtstrahlung entweder durch die Temperatur des strahlenden Körpers bedingt sein oder sie ist unabhängig von der Temperatur, sinkt also nicht mit dieser auf Null, ist dafür aber z. B. durch elektrische Einflüsse, chemische oder molekulare Vorgänge bedingt. Man spricht im ersteren Falle (nach Helmholtz) von Temperaturstrahlung, im letzteren (nach E. Wiedemann) von Lumineszenz. Leuchten letzterer Art ist das Leuchten faulenden Holzes, des Phosphors infolge langsamer Oxydation desselben, die Fluoreszenz, hervorgerufen durch elektrische Wellen, sind ferner die zuweilen beim Auskristallisieren von Salzen aus ihren Lösungen auftretenden Lichterscheinungen, und auch das Meeresleuchten ebenso wie das Licht der Leuchtkäfer zählen zu diesen kalten Lichtern.

Praktische Bedeutung kommt, wenigstens gegenwärtig, fast ausschließlich dem Leuchten infolge Temperaturstrahlung zu. Maßgebend für dieses Leuchten sind die Höhe der Temperatur und das Verhältnis der sichtbaren zur unsichtbaren oder der Licht- zur Wärmestrahlung oder mit anderen Worten, um eine große Lichtausbeute zu ermöglichen, muß der Leuchtkörper sich auf eine möglichst hohe Temperatur erhitzen lassen, beziehungsweise das Verhältnis der leuchtenden zu der nichtleuchtenden Strahlung desselben dem Maximum möglichst nahe kommen. Diese beiden Forderungen bestimmen die Wahl des Leuchtkörpers und schränken dieselbe auf eine äußerst geringe Anzahl von Stoffen ein, nämlich auf Kohle, Kalk, Kreide, Magnesia, Thoriumoxyd und noch einige andere Körper, von welchen wieder die Kohle in ausgedehntester Verwendung steht; sie bildet den Leuchtkörper nicht nur in den gewöhnlichen elektrischen Glüh- und Bogenlampen, sondern auch in den Kerzen- und Ölflammen aller Art, bei den Gasflammen mit Ausnahme des Auerlichtes und also auch beim Acetylen. Andere Körper als Kohle kommen für Leuchtkörper in erster Linie beim Auerlicht in Verwendung, ferner beim Drumondschen Kalklichte, beim Magnesiumlichte u. dgl. und in der elektrischen Beleuchtung bei der Nernst- und Osmium-Glühlampe sowie auch neben der Kohle in den farbigen Bogenlampen.

Bei den durch Temperaturstrahlung leuchtenden Körpern äußert sich die Wirkung der Temperatur in der Weise, daß bei einer bestimmten tiefsten Temperatur das Leuchten überhaupt erst beginnt und dann mit steigender Temperatur sehr rasch zunimmt. Nach Draper (1847 New York) sind alle Strahlen, welche feste oder flüssige Körper bei gewöhnlicher Temperatur bis hinauf zu 525° aussenden, für das Auge nicht wahrnehmbar; erst bei dieser Temperater beginnen die Körper sichtbare, und zwar zunächst dunkelrote Strahlen auszusenden und erst bei steigender Temperatur gesellen sich dann nach und nach zu diesen die hellroten, orangen, gelben, grünen, blauen und violetten Strahlen; diese alle zusammen bilden dann das weiße Licht. Zur Weißglut gelangen die Körper, wenn sie eine Temperatur von 1200—1300° C. überschreiten. Bei so hohen Temperaturen behalten aber die wenigsten Körper ihren gewöhnlichen Aggregatzustand bei; sie gehen vielmehr zumeist in den gasförmigen oder doch wenigstens in den flüssigen Zustand über. So schmelzen z. B. Kupfer bei 1050°, Gußeisen bei 1200°, Schmiedeeisen bei 1600° C., Platin und Iridium bei 1800 bis 2200° C., während Kohle Temperaturen von 2400 bis 3900° C., wie solche im elektrischen Lichtbogen gefunden wurden, ohne zu schmelzen, aushält; hierin ist also die Kohle als Leuchtkörper den meisten anderen Stoffen überlegen. Das Drapersche Gesetz hat übrigens in neuerer Zeit eine Richtigstellung durch Beobachtungen H. F. Webers*) gefunden. Weber bemerkte nämlich an Glühlampen, die er Nachts im Dunkelzimmer beobachtete, daß die Lichtentwicklung nicht mit der Rotglut beginnt, sondern daß der Kohlenfaden zunächst ein »düster-nebelgraues« oder gespenstergraues Licht aussendet. Diese erste Spur düster-nebelgrauen Lichtes erscheint dem Auge als etwas un-

---

*) Wiedemann, Ann. Bd. XXXII, S. 256.

stet, glimmend, auf- und abhuschend. Während die
Helligkeit dieses Gespensterlichtes mit steigender Temperatur schnell zunimmt, geht sein Aussehen von düster-
grau über zu aschgrau, gelblichgrau und schließlich
zu feuerrot, womit auch die letzte Spur des Glimmens,
Hin- und Herzitterns verschwindet. H. F. Weber und
R. Emden*) stellten auch fest, daß Gold schon bei
423⁰ C. und Neusilber bei 403⁰ C. Licht auszusenden
beginnen, während die erste Rotglut nach Draper
erst bei 525⁰ C. beginnt. Was die Wahrnehmung der
Grau- und Rotglut durch das Auge anbelangt, so führt
O. Lummer**) dieselbe auf das verschiedene Verhalten
der Stäbchen und Zapfen in unserer Netzhaut zurück,
indem er den Stäbchen nur die allgemeine Fähigkeit,
Lichteindrücke aufzunehmen, zuspricht, den Zapfen aber
die Unterscheidung der Farben zuerkennt.

Über die Wellensorten, welche die Körper ausstrahlen, besagt das Kirchhoffsche Gesetz, daß ein
Körper vorzugsweise jene Wellensorten aussendet,
welche er bei derselben Temperatur zu verschlucken
oder zu absorbieren vermag. Ein auf höhere Temperatur erhitzter Körper muß daher nicht unbedingt
leuchten, sondern er kann auch dunkel bleiben und
dies ist dann der Fall, wenn der Körper bei dieser
Temperatur die Lichtstrahlen durchläßt oder zurückwirft. So lassen z. B. die durchsichtigen Gase die
Lichtstrahlen fast ungeschwächt durch und deshalb
brennen auch die Bunsen- und die Knallgasflammen
nicht leuchtend; aus demselben Grunde ist ferner das
Licht der in den Geißlerschen Röhren glühenden
Gase ein sehr schwaches. Körper, welche nur einen
Teil der Strahlen absorbieren oder verschlucken, senden
gefärbtes Licht aus. Nun lehrt die Spektralanalyse, daß
nur glühende feste oder flüssige Körper kontinuierliche
Spektra zu erzeugen vermögen, d. h. daß nur diese,

---

*) Wiedemann, Ann. Bd. XXXVI, S. 214.
**) O. Lummer, Elektrotechnische Zeitschrift, XXIII (1902), S. 792.

bis zur Weißglut erhitzt, Strahlen jeder Brechbarkeit oder, mit anderen Worten, weißes Licht aussenden, während glühende Gase oder Dämpfe ein diskontinuier- liches Spektrum geben, d. h. nur Strahlen von be- stimmter Brechbarkeit aussenden, während immer eine größere oder geringere Menge von Strahlen anderer Brechbarkeiten fehlen; hieraus folgt nun eben, daß das von den Gasen und Dämpfen ausgestrahlte Licht nicht weiß sein kann, sondern gefärbt erscheint. Dies und der Umstand, daß das Licht eine sehr geringe Intensität besitzt, lassen daher auch glühende Gase oder Dämpfe für die Anwendung als Leuchtkörper, die durch Temperaturstrahlung wirken sollen, minder geeignet erscheinen. Einen Körper, welcher alle auf ihn fallenden Strahlen verschluckt, also Strahlen weder zurückwirft noch durchläßt und daher als Leucht- körper, der durch Temperaturstrahlung wirkt, am ge- eignetsten wäre, gibt es nicht. Das Verhalten eines solchen ›absolut schwarzen‹ Körpers kann aber trotz- dem studiert werden, da O. Lummer*) eine physi- kalische Anordnung gefunden hat, welche die Unter- suchungen in derselben Weise durchzuführen gestattet wie beim tatsächlichen Vorhandensein eines absolut schwarzen Körpers. Sehr nahe dem absolut schwarzen Körper kommt die Kohle und ist in diesem Umstande einer jener Gründe zu suchen, welcher für die aus- gedehnte Anwendung der Kohle als Leuchtkörper ent- scheidet.

Für die praktische Eignung eines Körpers als Leuchtkörper kommt aber noch ein anderer Umstand in Betracht, nämlich die wirtschaftliche Seite. Dies- bezüglich ist nicht zu übersehen, daß die Energie der violetten Strahlen im Vergleiche zu jener der roten und ultraroten Strahlen eine verschwindend kleine ist. In dieser Richtung werden daher solche Körper sich

---

*) Elektrotechnische Zeitschrift, XXIII (1902), S. 807.

als Leuchtkörper eignen, welche die Strahlen verschiedener Wellenlänge nicht gleichmäßig zurückwerfen oder verschlucken, sondern verschieden oder auswählend (selektiv), so daß als das Ideal eines Leuchtkörpers ein Stoff zu bezeichnen ist, der selbstleuchtend alle Lichtstrahlen aussendet oder beim Bestrahltwerden alle Lichtstrahlen absorbiert, hingegen alle Wärmestrahlen vollkommen zurückwirft (reflektiert) oder vollkommen durchläßt. Ein solcher Körper ist aber nicht bekannt und sind auch der Auerstrumpf und der Nernstkörper von demselben weit entfernt, so daß die bessere Wirtschaftlichkeit der letzteren gegenüber den Kohlenglühlampen auf die höhere Temperatur, bei welcher die Auer- und Nernstlampen brennen, zurückzuführen ist.

Aus vorstehenden Erläuterungen ergibt sich, daß gegenwärtig für die Wahl eines Leuchtkörpers die Temperatur, bis zu welcher der Körper erhitzt werden kann und welche er dauernd verträgt, das ausschlaggebende Moment ist. Die höchstmögliche Temperatur, welche wir zu erzeugen vermögen, ist jene des Voltabogens, und dies erklärt auch die Tatsache, daß unter den gegenwärtig in praktischer Anwendung stehenden Beleuchtungsarten die mittels des Bogenlichtes die ökonomischeste ist. Nach O. Lummer werden in den verschiedenen Lampen folgende absolute Temperaturen erreicht:

Bogenlampe	$4200-3750^0$
Nernstlampe	$2450-2200^0$
Auerlampe	$1450-2200^0$
Glühlampe	$2100-1875^0$
Kerze	$1960-1750^0$
Argandlampe	$1900-1700^0$

Wenn die Nernstlampe vorläufig noch zu keiner großen praktischen Bedeutung gelangt ist, trotzdem sie an Wirtschaftlichkeit die Glühlampe mit Kohlenfaden übertrifft, so liegt dies in der einfachen und billigen

Bauart der letzteren, welche bei der ersteren durch
die Notwendigkeit, den Glühkörper erst vorwärmen
zu müssen, bevor er als Leuchtkörper dient, nicht erreicht wird. Durch den Zusatz von gewissen Salzen
(Lithium-Strontiumverbindungen u. dgl.) zu den Kohlen
der farbigen Bogenlichter oder Effektlampen
wird die durch Temperaturstrahlung erhaltene Lichtausbeute noch durch das Lumineszenzlicht, welches
diese Zusatzsubstanzen ausstrahlen, erhöht. Ein von der
Temperatur unabhängiges, d. h. nur durch Lumineszenz
bewirktes Licht, also ein ideales Licht ohne Wärme
herzustellen, ist bis jetzt nicht gelungen; das als
Lumineszenzlicht aufzufassende Licht, welches die
Geißlerschen Röhren ausstrahlen, gibt zu geringe
Helligkeit und ist praktisch nicht verwertbar. Das
elektrische Licht gelangt daher gegenwärtig nur in
zwei Formen, nämlich als Glühlicht und als Bogenlicht, zur Anwendung. Bei ersterem ist es zumeist ein
Kohlenkörper von geringem Querschnitte, der durch
den elektrischen Strom zum Glühen und Leuchten
gebracht wird und beim Bogenlichte ist es der durch
den elektrischen Strom zwischen zwei Kohlenstäben
erzeugte Lichtbogen.

II.

Das Glühlicht.

Erzeugung des Glühlichtes. Schon kurze Zeit
nach der Erfindung der Voltasäule (durch Volta im
Jahre 1800) hatte man beobachtet, daß ein dünner
Draht, in den Schließungskreis einer galvanischen
Batterie eingeschaltet, sich unter gewissen Verhält-

nissen lebhaft erwärmt, ja sogar zum Glühen und dadurch zum Leuchten und endlich zum Schmelzen
kommen kann. Da die gegenwärtig in praktischer Ver-
‚wendung stehenden Leuchtkörper, wie oben gezeigt,
durch Temperaturstrahlung wirken, ist im nachstehen-
den zwischen Licht- und Wärmestrahlen nicht mehr
besonders unterschieden.

Davy zeigte bereits, daß unter sonst gleichen
Umständen eine desto stärkere Erwärmung eintritt,
je größer jener Widerstand ist, welchen der betreffende
Leiter dem Durchgange des elektrischen Stromes ent-
gegensetzt. Die ersten genaueren Untersuchungen
dieser Verhältnisse rühren von Joule her und ergaben
als Resultat das Gesetz, daß die in einer bestimmten
Zeit entwickelte Wärmemenge dem Leitungswiderstande des Drahtes und dem Quadrate
der Stromstärke proportional ist. Ist demnach
die in der Längeneinheit des Stromkreises entwickelte
Wärmemenge $= m$, der Gesamtwiderstand $= w$, die
Stromstärke $= i$, so wird die in der Zeit t entwickelte
Wärmemenge M ausgedrückt durch die Gleichung

$$M = m \, w \, i^2 \, t.$$

Vorausgesetzt, daß der elektrische Strom im gegebenen Schließungskreise keine andere Arbeit (wie
etwa elektrolytische Zersetzung) zu leisten hat, wird die
gesamte Elektrizität in Wärme umgewandelt. Die
hierbei in der Zeiteinheit geleistete Arbeit, die erzeugte
Wärmemenge $\dfrac{M}{m\,t}$, die fernerhin der Kürze wegen mit
W bezeichnet werden soll, gibt die Gleichung

$$W = i^2 w. \qquad (1)$$

Das Gesetz von Ohm, welches die Beziehungen
zwischen elektromotorischer Kraft, Widerstand und
Stromstärke ausdrückt, lautet: Die Stromstärke (i)
ist direkt proportional der elektromotorischen
Kraft (e) und umgekehrt proportional dem Wider-

stande *(w)* des Stromkreises. Der Widerstand *(w)*
des Stromkreises ist direkt proportional seiner
Länge *(l)* und dem spezifischen Leitungswiderstande *(s)* seines Stoffes und umgekehrt proportional seinem Querschnitte *(q)*.

Man hat daher

$$i = \frac{e}{w} \qquad (2)$$

und

$$w = \frac{l\,s}{q} \qquad (3)$$

Setzen wir den durch das Ohmsche Gesetz erhaltenen Wert für *i* in die Gleichung (1) ein, so entsteht die Gleichung

$$W = \frac{e^3}{w^2} . w \text{ oder } W = \frac{e^2}{w} \qquad (4)$$

Gleichung (2) besagt, daß die Intensität eines galvanischen Stromes an allen Stellen seiner Leitung gleich
ist; Gleichung (1) lehrt aber, daß die durch den Strom
produzierte Wärmemenge bei gleichbleibender Intensität des Stromes nur vom Widerstande des Leiters
abhängt und mit diesem zu- oder abnimmt, daß also
bei verschiedenen Widerständen an den einzelnen
Stellen des Leiters die größte Wärmeentwicklung dort
erfolgt, wo der größte Widerstand vorhanden ist, und
Gleichung (4), daß bei gleichbleibender elektromotorischer Kraft, also derselben konstanten Elektrizitätsquelle, die entwickelte Wärmemenge sich umgekehrt
zu dem Gesamtwiderstande des Schließungskreises
verhält.

Diese Gleichungen (1, 2, 3 und 4) geben die Grund-
regeln zur Erzeugung des elektrischen Lichtes. Hierbei
handelt es sich nämlich darum, daß der von einer
Elektrizitätsquelle gelieferte Strom möglichst vollständig und nur an bestimmten Punkten (in den
Lampen) in Wärme umgesetzt wird. Um diesen Zweck
zu erreichen, hat man daher folgendes zu tun:

1. Den Gesamtwiderstand des Stromkreises, also die Summe der Widerstände im Elektrizitätserzeuger, in der Leitung und in den Lampen nach der Gleichung $W = \dfrac{e^2}{w}$ möglichst gering zu machen, weil dann der Wert W (die entwickelte Wärmemenge) am größten wird.*)

2. Die Widerstände der einzelnen Teile des Stromkreises bei ungeändertem Gesamtwiderstande so zu verteilen, daß der größte Widerstand nur an bestimmten Stellen (in den Lampen) vorhanden ist, in den übrigen Teilen des Stromkreises aber derselbe möglichst gering ausfällt, da man die Wärmeerzeugung eben nur an jenen Stellen verwerten kann, und nach der Gleichung $W = i^2 w$ die erzeugte Wärmemenge unter sonst gleichen Umständen dort am größten wird, wo der größte Widerstand vorhanden ist.

3. Um an der gewünschten Stelle einen möglichst großen Widerstand zu erzielen, muß für dieses Stück des Stromkreises ein Material gewählt werden, welches bei großem spezifischem Leitungswiderstande einen möglichst geringen Querschnitt besitzt, da die Gleichung $w = \dfrac{l\,s}{q}$ lehrt, daß dann auch der Widerstand w am größten wird; die Länge l kann aus praktischen Gründen nicht sehr groß gemacht werden.

4. Die Wärmeabgabe jener Stelle (Lampe), an welcher das Licht erzeugt werden soll, an die Umgebung ist möglichst zu verhindern, da die Temperatur eines Körpers nicht nur von der zugeführten Wärmemenge abhängt, sondern auch davon, wieviel Wärme derselbe in einer bestimmten Zeit an seine Umgebung abgibt.

---

*) Hierbei ist natürlich die elektromotorische Kraft e als unveränderlich vorausgesetzt, d. h. eine gegebene konstante Elektrizitätsquelle angenommen. Diese Annahme wird gemacht, da an dieser Stelle auf die Elektrizitätserzeuger nicht eingegangen werden soll.

Die allgemeinen theoretischen Bedingungen, welche erfüllt werden müssen, damit im Kohlenfaden die Umsetzung der elektrischen Energie in Licht zweckmäßig erfolgt, sind nun im vorstehenden wohl angedeutet, doch genügt dies keineswegs für die praktische Beurteilung.

So ist es für die praktische Erzeugung von Kohlenfäden natürlich von hohem Interesse, zunächst zu erfahren, in welchem Verhältnisse der Energieverbrauch zur Helligkeit der Lampen steht, da ja hierdurch die Kosten des Lichtes wesentlich beeinflußt werden. Derartige Untersuchungen wurden daher auch von verschiedenen Seiten durchgeführt und ergaben verschiedene Formeln, durch welche die genannten Beziehungen mehr oder minder zutreffend dargestellt werden. So hat Cl. Hess*) nachgewiesen, daß die von H. F. Weber aufgestellte Formel für die Helligkeit

$$H = \alpha A^3 + \beta A,$$

worin mit A die Arbeit und mit α und β Koeffizienten bezeichnet werden, den tatsächlichen Verhältnissen sehr gut entspricht, denn die nach der Formel berechneten Helligkeiten ergaben bei zahlreichen Versuchen eine sehr gute Übereinstimmung mit den auf photometrischem Wege erhaltenen. Sonach kann also die Helligkeit einer elektrischen Glühlampe als Summe zweier Größen dargestellt werden, von denen die eine dem Kubus, die andere der ersten Potenz der von der Lampe verzehrten Arbeit proportional ist.

Nicht minder wichtig als die Beziehung der Helligkeit zum Arbeitsverbrauch ist aber auch das Verhältnis der ersteren zur Stromintensität. Zwar haben wir das Verhältnis zwischen Stromstärke und erzeugter Wärme schon oben (S. 8) durch das Joulesche Gesetz dargestellt, doch läßt dieses noch nicht so klar die Abhängigkeit der Leuchtkraft von der Stromstärke er-

---

*) Zentralbl. f. Elektrotechnik, VIII (1886), S. 651.

kennen, als dies durch eine andere Darstellung bewirkt werden kann. Eine solche andere Beziehung der Helligkeit einer Glühlampe zu der entsprechenden Stromstärke hat Slotte*) gefunden und folgendermaßen ausgedrückt: Die Helligkeit ist proportional der vierten Potenz der Zunahme der Stromintensität von dem Werte, bei welchem die Lichtausstrahlung beginnt.

Vom Standpunkte der Theorie aus würde die Umwandlung von elektrischer Energie in Licht um so rationeller erfolgen, zu je höherer Temperatur der Kohlenfaden erhitzt wird, je weniger Volt-Ampère zur Erzeugung einer bestimmten Lichtmenge erfordert werden.

Die Steigerung der Temperatur übt auf die Leuchtkraft eine zweifache Wirkung aus: sie vermehrt die Strahlen und steigert gleichzeitig die Intensität jedes Strahles. Man erhält daher für einen bestimmten Kraftaufwand, z. B. eine Pferdestärke, desto mehr Licht, je höher die Temperatur des Kohlenfadens steigt. So gibt Siemens an, daß bei einer bestimmten, schwachen Rotglut durch bestimmte Kohlenfäden nur 10 Normalkerzen erhalten werden können, während ebensolche Kohlenfäden in heller Weißglut für denselben Kraftaufwand 300 Normalkerzen geben.

Bei jedem leuchtenden Körper hat man die Aussendung leuchtender und nichtleuchtender Strahlen zu unterscheiden. Für uns haben natürlich nur die ersteren einen Wert; die Umwandlung von Elektrizität in letztere ist ein Energieverlust. Es ist sowohl von theoretischem Interesse, als auch von praktischem Werte, das Verhältnis zwischen leuchtenden und nichtleuchtenden Strahlen einer Lichtquelle zu kennen. Letzteres ist dadurch ermöglicht, daß die Physik ein Mittel an die Hand gibt, beiderlei Strahlen voneinander zu trennen. Dies besteht in der Anwendung einer Lösung von Jod

---

*) Zentralbl. f. Elektrotechnik, X (1888), S. 621).

in Schwefelkohlenstoff, welche die Eigenschaft hat, die leuchtenden Strahlen einer Lichtquelle zu verschlucken, während die nicht leuchtenden Strahlen ungehindert durchgehen.*) Versuche, welche Tyndall in dieser Weise mit verschiedenen Lichtquellen anstellte, ergaben als Anteil der leuchtenden Strahlen an der Gesamtstrahlung einer Ölflamme $3^{0}/_{0}$, einer Gasflamme $4^{0}/_{0}$, einer weißglühenden Platinspirale $4·6^{0}/_{0}$ und des Voltabogens $10-11^{0}/_{0}$. Hieraus ersehen wir, daß selbst bei unserer intensivsten künstlichen Lichtquelle der Verlust an Arbeit, welche vom Strome geleistet wird, $90^{0}/_{0}$ beträgt, indem diese zur Erzeugung dunkler Wärmestrahlen verwendet werden, die für Beleuchtungszwecke gänzlich nutzlos sind. Der Arbeits-verlust bei den Glühlampen steht zwischen dem der Platinspirale und jenem des Lichtbogens und nähert sich dem letzteren um so mehr, je näher die Temperatur des Kohlenfadens jener des Lichtbogens kommt. Natürlich kann diese Annäherung nicht sehr weit getrieben werden, da die gegenwärtig in Verwendung stehenden Kohlenfäden eine so hohe Temperatur nicht auszuhalten im stande sind.

Doch ist es nicht die Temperatur allein, welche auf den Lichteffekt Einfluß ausübt, sondern dieser wird auch durch das Emissions- oder Ausstrahlungsvermögen des glühenden Körpers bestimmt. Die Gesamtausstrahlung verschiedener Körper gleicher Temperatur ist nicht dieselbe; dies lehrt ein einfacher Versuch: man erhitzt in demselben Feuer ein Stück Glas und ein Stück Eisen; zieht man dann beide heraus, so wird das Glas kaum leuchten, während das Eisen helle Glut zeigt.

Körper, die ein größeres Ausstrahlungsvermögen zeigen, eignen sich besser zu Leuchtkörpern, als

---

*) Umgekehrt verschlucken Flußspat und Sylvin die Wärmestrahlen von 12 μ, beziehungsweise 19 μ aufwärts und lassen die Lichtstrahlen durch. Diese beiden Körper wurden daher auch zur Untersuchung der letzteren von O. Lummer und E. Pringsheim benützt.

solche mit geringerem Strahlungsvermögen und unter
ersteren verdienen wieder jene Körper den Vorzug,
für welche das Verhältnis der Licht- zu den Wärmestrahlen möglichst groß ist. Ein idealer Leuchtkörper,
der nur Lichtstrahlen aussendet, ist, wie bereits erwähnt, nicht bekannt, doch kann auch für die be-
kannten und hauptsächlich benützten Leuchtkörper
unter verschiedenen Umständen die Ausstrahlung
eine verschiedene werden und es übt daher auch die
Beschaffenheit der Kohle und ihrer Oberfläche auf das
Güteverhältnis einer Glühlampe einen Einfluß aus.

Besitzen zwei Kohlen denselben Querschnitt und
dieselbe Länge, ist aber der Querschnitt der einen
Kohle ein Rechteck, jener der anderen Kohle ein Kreis,
so hat offenbar die erstere Kohle die größere Oberfläche.
Unter der Voraussetzung gleicher Temperatur müßte
also die Strahlung der eckigen Kohle größer sein als
jene der runden, da unter diesen Umständen die Ausstrahlung der Oberfläche proportional ist. Soll nun die
Ausstrahlung für beide Kohlen die gleiche werden, so
muß man die runde Kohle verlängern. Dann haben
beide Kohlen denselben Querschnitt, deshalb auch dieselbe Haltbarkeit und auch die gleiche Leuchtkraft.
Bei der runden Kohle ist jedoch der Widerstand ein
höherer geworden, weil die Länge zugenommen hat,
und dies führt zu einer Erhöhung der Stromspannung.
Da dies aber, wie wir früher gesehen haben, vorteilhaft ist, so verdient die Kohle mit rundem Querschnitte den Vorzug vor der Kohle mit rechteckigem
Querschnitte. Es ist dies übrigens ein Vorzug, der
ebensogut mit einer Kohle von höherem spezifischem
Widerstande erreicht wird.

Einfluß des Vakuums. Es wurde bisher keine
Rücksicht auf die Umgebung des Kohlenfadens genommen. Wie aber bereits oben (S. 10) angegeben,
hängt die Temperatur eines Körpers nicht nur von der
zugeführten, beziehungsweise in diesem erzeugten

Wärme ab, sondern auch davon, wieviel Wärme derselbe in einer bestimmten Zeit an seine Umgebung abgibt. Es ist daher zweckmäßiger, die den Glühkörper umschließenden Glasgefäße auszupumpen, als mit Kohlenwasserstoffen zu füllen, indem letztere die Wärme viel besser leiten, als ein mit möglichst verdünnten Gasen erfüllter Raum (ein sogenanntes Vakuum). Wenn eine elektrische Glühlampe vollkommen ausgepumpt ist, so wird die Arbeit, welche sie im leuchtenden Zustande verbraucht, einzig zur Unterhaltung der Strahlung aufgewandt. Enthält aber die Lampe noch Luft oder ein anderes Gas, so wird Energie durch Wärmeleitung und Wärmeströmung von dem glühenden Drahte weggeführt. Eine bestimmte Arbeitsmenge wird daher in einer unvollständig entleerten Lampe eine geringere Lichtmenge entwickeln, als in einer ganz leeren. Eine diesbezügliche experimentelle Untersuchung, welche von Cl. Hess*) mit zwei Swan-Lampen (zu 16 NK) durchgeführt wurde, ergab nachstehende Resultate.

Bei den untersuchten Lampen fiel die Leuchtkraft bei unverändertem Arbeitsverbrauch um so größer aus, je mehr der Gasinhalt verdünnt wurde, und zwar scheint es sich herauszustellen, daß die Helligkeit für unveränderte Arbeit sich asymptotisch zwei Grenzwerten nähert, von denen der eine bei vollkommener Leere, der andere bei hohem Gasgehalte der Lampe erreicht wird. Ebenso scheint sich zu ergeben, daß eine elektrische Glühlampe für einen bestimmten Arbeitsverbrauch nur dann eine günstige Lichtentwicklung besitzt, wenn die Spannkraft des Gasinhaltes 0·2 mm (Quecksilbersäule) nicht übersteigt. Es ist wohl mit einiger Wahrscheinlichkeit anzunehmen, daß diese streng genommen allerdings nur für zwei Swan-Lampen gefundenen Resultate doch auch für andere Glühlampen gelten werden.

---

*) Zentralbl. f. Elektrotechnik, VIII (1886), S. 675.

Ein möglichst vollständiges Auspumpen der Glühlampen dürfte sich aber auch noch in anderer Hinsicht
sehr empfehlen. Es ist längst bekannt, daß die Elektroden aus Platin oder auch aus anderen Metallen
Gase in größerer oder geringerer Menge absorbieren,
die sie auch dann nicht abgeben, wenn man die Luft
aus den die Elektroden umschließenden Gefäßen auspumpt. Ferner haben bereits Gassiot,[*] Plücker,[**]
Hittorf,[***] Spottiswoode und Moulton[†] beobachtet, daß von der negativen Elektrode Teilchen
abgerissen werden, die, wenn die elektrische Entladung
hinreichend lang gewirkt hat, als Metallspiegel auf den
die negative Elektrode umschließenden Glaswänden
sichtbar werden. Wright[††] erhielt auf diese Weise
auf Glas metallische Niederschläge von fast allen edeln
und unedeln Metallen und stellte durch dieses Verfahren auch Hohlspiegel mit Metallbelegung dar. Auch
Crookes,[†††] Wächter[*†] und E. Wiedemann[**†]
machten diesbezügliche Versuche und Beobachtungen.
Dieses Verhalten der Elektroden macht sich aber im
erhöhten Maße geltend, wenn die Elektroden aus
Kohle bestehen. Diese verschluckt im kalten Zustande
eine noch viel größere Menge (das 1600fache ihres
Volumens) von Gasen wie die Metalle und läßt jene
erst dann los, wenn sie zum Glühen erhitzt wird.
Berliner[***†] glaubt nun beobachtet zu haben, daß
das Beschlagen der Glasgefäße der Glühlampen, welche
längere Zeit in Gebrauch gestanden, mit Kohle mehr
oder weniger durch die Menge der von dem Kohlenfaden verschluckten Gase bestimmt wird. Letztere
werden durch das Glühen des Kohlenfadens ausge-

---

[*] Phil. Trans. 1858 pt. I. S. 1.
[**] Pogg. Ann. CIII. 1858. S. 90.
[***] Wied. Ann. XXI. 1884. S. 126.
[†] Phil. Trans. II. 1880. S. 582.
[††] Beibl. zu Wied. Ann. I. p. 203, 690.
[†††] Beibl. zu Wied. Ann. V. S. 511.
[*†] Ber. der Wiener Akad. LXXXV. (1882), S. 560.
[**†] Wied. Ann. XX. 1883. S. 795.
[***†] La lumière électrique. XXVIII, pag. 541.

trieben, reißen hierbei Kohlenteilchen los und schleu-
dern dieselben an die Glaswände. Beim Auslöschen
der Lampe kühlt der Kohlenfaden ab und verschluckt
die Gase wieder, um sie beim abermaligen Anzünden
der Lampe neuerdings auszustoßen u. s. w. Hiernach
müßte ein möglichst vollständiges Auspumpen den
Kohlenniederschlag beseitigen oder doch sehr herab-
zusetzen vermögen. H. Moissau*) schreibt die Ent-
stehung des Beschlages jedoch einer langsamen Ver-
dampfung der glühenden Kohle zu und J. Stark**)
will den Beschlag durch innere Gasströme bewirkt
wissen, welche hauptsächlich an den negativen Teilen
des Glühfadens tätig sind. Tatsächlich verliert auch
der negative Schenkel des Glühfadens bei langer
Brenndauer unter normaler Spannung oder bei Über-
spannung infolge der hierbei eintretenden Zerstäubung
schneller seinen Graphitglanz und wird früher schwarz
als der positive Teil; auch brennt der Glühfaden deshalb zumeist an seinem negativen Teile durch und
tritt der Altersbeschlag bei hochvoltigen Lampen
früher auf als in niedrigvoltigen.

Lebensdauer der Glühlampen. Zur praktischen
Lösung der Aufgabe, elektrische Energie in Glühlicht
umzusetzen, genügt es jedoch nicht, nur die Bedingungen klarzustellen, welche für diese Umsetzung
überhaupt maßgebend sind, es müssen vielmehr auch
noch andere, nicht minder wichtige Umstände in Rechnung gezogen werden; solche Umstände sind die
Lebensdauer des Kohlenfadens und die Anlage der
Stromleitungen.

Es ist daher vom praktischen Standpunkte aus
durchaus nicht jener Kohlenfaden der beste, welcher
bei möglichst geringem Kraftaufwande die größte Lichtstärke gibt, weil dies auf Kosten der Lampendauer geht.

---

*) Compt. rend. T. 119 (1894), pag. 776.
**) Elektrotechn. Zeitschrift. Bd XXI (1900) S, 151.

Dietrich[*]) bezeichnet vielmehr als den besten Glühkörper jenen, bei welchem die gesamten Jahresbetriebskosten für die Normalkerze den geringsten Betrag ausmachen und zieht dann sowohl den Fall in Betracht, daß es sich um Herstellung einer neuen Lampe von ganz bestimmter Lichtstärke handle, deren günstigster Glühgrad zu ermitteln sei, als auch den zweiten Fall, nämlich wie viele Volt-Ampère in einer gegebenen Lampe für die Normalkerze zu verbrauchen sind und mit welcher Lichtstärke demgemäß die Lampe am besten glüht. Th. Marcher[**]) stellte für die Güte einer Glühlampe den Ausdruck auf

$$G = \frac{Oe \times D \times W}{P},$$

d. h. er setzt die Güte direkt proportional dem Produkte aus der Ökonomie, der Dauer und dem Widerstande der Lampe und umgekehrt proportional dem Preise. Von den übrigen zahlreichen hierher gehörigen Arbeiten[***]) soll zunächst auf jene von W. Siemens[†]) näher eingegangen werden.

Die im Kohlenfaden verbrauchte Arbeit wird durch das Produkt $e . i$ (elektromot. Kraft mal Intensität des Stromes) gemessen. Vom Standpunkte der Theorie aus erscheint es daher vollkommen gleichgültig, ob die elektromotorische Kraft oder ob die Stromstärke geändert wird, wenn hierbei nur das Produkt $e . i$ unverändert bleibt. Es müßte sonach gleichgültig sein, ob man sich Ströme hoher Spannung und geringer Stromstärke oder niederer Spannung und großer Stromstärke zur Umwandlung der elektrischen Energie in Licht

---

[*]) Elektrotechn. Zeitschr., V (1884), S. 34.
[**]) Internat. elektrotechn. Zeitschrift und Ber. über die elektr. Ausstellung in Wien 1883, S. 300; Zentralbl. für Elektrotechnik, VII (1885), S. 309.
[***]) Z. B. Ayrton et Perry: La lumière électrique, XVII (1885), pag. 60 (aus: Philosophical Magazine V. Ser. April 1885, pag. 304). Foussat: The Electrician, XIV, pag. 226. Götz: Zentralbl. für Elektrotechnik, V (1883), S. 720. Pierre: Zeitschr. für Elektrotechnik, I (1883), S. 131, 171. Schumann: Elektrotechn. Zeitschr., V (1884), S. 220. Wright: The Electrician, XIV, pag. 311. Feldmann: Elektrotechn. Zeitschr., XIII, S. 667.
[†]) Elektrotechn. Zeitschr., IV (1883), S. 107.

bedienen würde. Da aber, wie bereits erwähnt, auch noch andere Umstände in Betracht kommen, ist dies nicht der Fall.

Soll stets gleiche Lichtstärke erhalten werden, so hat man bei Anwendung hochgespannter Ströme von geringer Stromstärke Kohlenfäden zu verwenden, die verhältnismäßig lang sind, aber einen kleinen Querschnitt besitzen. Hingegen müssen Kohlen, die mit Strömen geringer Spannung, aber großer Intensität betrieben werden sollen, kurz sein, aber einen verhältnismäßig großen Querschnitt erhalten. Natürlich ist hierbei für den Kohlenfaden gleiches Material vorausgesetzt. Die Grenze, wie weit man mit der Steigerung der Spannung gehen kann, ist für die Beleuchtung mit Glühlicht durch die Haltbarkeit des Kohlenfadens gegeben. Je höher nämlich die Spannung wird, desto größer muß die Länge und desto kleiner der Querschnitt des Kohlenfadens werden. Es ist klar, daß ein zu weites Verringern des Durchmessers oder Erhöhen der Länge auch die Gebrechlichkeit des Fadens erhöhen muß. Die Grenze für die praktisch zulässige Stromstärke bestimmt nicht nur der Kohlenfaden, sondern hier wirkt auch die Anlage der Leitung ein.

Ein Kohlenfaden, der mit Strömen großer Intensität, aber geringer Spannung arbeiten soll, muß kurz und dick sein, weil ja der Widerstand ein geringer sein soll. Der Kohlenfaden gewinnt hierdurch allerdings an Festigkeit, so weit er mechanischen Einwirkungen ausgesetzt ist. Er erhält dadurch aber auch eine verhältnismäßig große Masse. Um diese zum Glühen zu bringen, muß aber ein großer Teil der Energie in Wärme umgewandelt werden, die nicht nur für die Lichterzeugung verloren geht, sondern auch die Zerstörung der Kohle befördert. Die Anwendung geringer Spannungen und hoher Stromstärken führt aber, wie wir gleich sehen werden, auch noch andere Nachteile mit sich.

Die Stärke der Leitungen muß aus Rücksicht auf
die Feuersicherheit so gewählt werden, daß die Erhitzung derselben eine gewisse Größe nicht über-
schreitet; anderseits kann sie aber wegen des Material-
preises nicht so groß genommen werden, daß der
Energieverlust durch die Leitung ganz vermieden wird.
Man schlägt daher einen Mittelweg ein und gestattet
einen bestimmten Energieverlust. Vergleichen wir nun,
unter Voraussetzung gleichen Energieverlustes durch
die Leitung, zwei gleiche Beleuchtungsanlagen, deren
eine mit schwachen Strömen hoher Spannung und deren
andere mit starken Strömen geringer Spannung betrieben wird. Für das Produkt $e . i$, welches konstant
sein soll, kann man auch setzen

$$i^2 w,$$

weil ja

$$e = w \, i.$$

Soll aber dieses Produkt für die Leitungen dasselbe
bleiben, auch für Kohlenfäden, die verschiedene Stromstärken erfordern, so muß sich der Widerstand der
Leitung mit dem Quadrate der Stromstärke ändern,
also bei 2, 3, 4mal größerer Stromstärke 4, 9, 16mal
geringer werden. Es müssen daher die Leitungen einen
4, 9, 16mal größeren Querschnitt erhalten. Man kann
daher sagen, daß der Querschnitt und somit auch das
Gewicht der Leitung mit dem Quadrate der Stärke
des Betriebsstromes wachsen muß.

Mit Rücksicht auf die Anlage der Leitungen erscheint es also vorteilhafter, Kohlenfäden mit hohem
Widerstande herzustellen als solche mit geringem, weil
bei den ersteren Ströme hoher Spannung und von geringer Intensität zum Umsatze der elektrischen Energie
in Licht zur Verwendung gelangen. Die Erhöhung des
Widerstandes im Kohlenfaden und somit auch die
Steigerung der Spannung des Betriebsstromes kann jedoch nicht beliebig weit getrieben werden, denn gleichzeitig hiermit nimmt die Lebensdauer des Kohlen-

fadens ab. Der Zusammenhang zwischen Lebensdauer, Güteverhältnis und Energieverbrauch ist jedoch, als mehr dem Lichtbetriebe angehörig, in einem anderen Bande (XI)*) näher erörtert.

III.

Das Bogenlicht.

Der Voltabogen wurde von Sir Humphry Davy entdeckt, und zwar, wie es Silvanus Thompsons**) Forschungen wahrscheinlich erscheinen lassen, im Jahre 1810. Davy entdeckte den Bogen mit Hilfe jener Batterie von 2000 Elementen, welche ihm durch die Freigebigkeit seiner Zuhörer in der »Royal Institution« zur Durchführung seiner so berühmt gewordenen elektrochemischen Untersuchungen zur Verfügung gestellt wurde. Er erhielt zwischen Stäbchen aus Holzkohle einen Bogen von 10 cm Länge, der sich bei Erzeugung desselben im luftverdünnten Raume auf 18 cm verlängern ließ. Weil nun bei diesen Versuchen die Kohlenstäbchen in wagrechter Lage sich befanden, nahm die Lichterscheinung unter der Einwirkung der aufsteigenden erhitzten Gase die Form eines nach aufwärts gewölbten Bogens an und gab dadurch zur Bezeichnung »Bogen« Veranlassung.

Eine Reihe von Forschern beschäftigte sich von da an mit der Untersuchung des Lichtbogens, wobei sich ergab, daß bei Vermehrung der Elemente der Lichtbogen schneller wächst als die Zahl der Elemente,

---

*) Urbanitzky, Die elektrischen Beleuchtungsanlagen, III. Aufl., 1898.
**) La lumière électrique, T. XI (1864), pag. 162.

daß dieser Zuwachs stärker ist für kleine Lichter als für große, daß der Lichtbogen länger ist, wenn sich der positive Pol oben befindet, als wenn er den unteren Platz einnimmt, und daß seine Länge sich ändert mit dem ihn umgebenden Medium.

Nach einer von Villari in den »Comptes-Rendus de l'Academie dei Lyncaey« (1889)*) veröffentlichten Arbeit beträgt die Länge des Lichtbogens, wenn man jene in Wasserstoff gleich 3·9 setzt, in Stickstoff 7·4 und in der Luft 8·5, wobei vorausgesetzt ist, daß man den Lichtbogen zwischen horizontal angeordneten Kohlen erzeugt. Die Bogenlänge wird bedeutend größer, wenn man den Lichtbogen in gewöhnlicher Weise, d. h. lotrecht erhält, und zwar um so größer, wenn man den positiven Pol oberhalb des negativen anordnet, also gewissermaßen einen absteigenden elektrischen Strom hat, als bei umgekehrter Anordnung. Villari erhielt bei aufsteigendem elektrischen Strome in Stickstoff einen Lichtbogen von 7fach größerer Länge als in Wasserstoff; bedeutend größer wurde jedoch diese Differenz bei absteigendem Strome; sie erhob sich zu 25mal 7

Als Ursache dieser Unterschiede bezeichnet Villari die durch die Anode entwickelte Wärme. Es mag jedoch hierzu bemerkt werden, daß auf diese Verhältnisse jedenfalls auch der Erdmagnetismus Einfluß nehmen muß.

Daß der Lichtbogen durch den Magnet, ebenso wie andere leicht bewegliche Stromleiter, abgelenkt wird, ist schon von Davy**) beobachtet worden und neuerdings wurde die Aufmerksamkeit auf diese magnetische Ablenkung »Das elektrische Lötrohr« (Fig. 1) in erhöhtem Maße gelenkt, als man sich bemühte, ein elektrisches Schweißverfahren in die Praxis einzuführen.

---

*) La lumière électrique, T. XXXV (1890), pag. 348.
**) Phil. Trans., Vol. II (1821), pag. 427; Gilbert, Ann. Bd. LXXI, S. 241.

Die Ablenkung des Lichtbogens durch den Erdmagnetismus wurde von Casselmann *) eingehend
studiert, der hierbei, um die Einwirkung eines aufsteigenden Luftstromes zu vermeiden, die Kohlen wagrecht gegeneinander stellte. Die Richtung der Ablenkung für den Lichtbogen, wenn dieser in verschiedenen Richtungen in der Horizontalebene erzeugt
wird, erhält man, wenn man sich vergegenwärtigt,

Fig. 1.

daß der Erdmagnetismus wie ein in der Richtung der
Inklinationsnadel liegender und seinen Südpol nach
Norden kehrender Magnet wirkt und nun die Strom-
teile des Lichtbogens den ihn selbst darstellenden
Ampèreschen Strömen parallel zu stellen sucht.

Soll der Strom das Hindernis überwinden können,
welches ihm der Luftzwischenraum zwischen den beiden
Kohlenspitzen darbietet, so darf die Spannung des
Stromes nie unter eine gewisse Grenze sinken; man

---

*) Pogg. Ann., Bd. LXIII (1844), S. 588.

kann daher den Lichtbogen auch nicht mit einem einr
zigen, wenn auch noch so großplattigen Elemente her-
vorrufen, da die Stromspannung nur durch Vermehrung
der Anzahl der Elemente erhöht werden kann. Beim
Betriebe mit Maschinenströmen muß neben ausreichender
Stromstärke auch eine entsprechende Klemmspannung
zur Verfügung stehen. Ist die Spannung eine sehr hohe,
so entsteht der Lichtbogen auch ohne vorhergegangene
Berührung der Kohlen und ebenso kann er bei sich
nicht berührenden Kohlen durch den elektrischen
Funken, z. B. einer Leydenerflasche, eingeleitet werden
oder auch dadurch, daß man die Kohlen in eine
Glocke einschließt, die Luft auspumpt und schnell
wieder einströmen läßt; der Bogen entzündet sich dann
beim Einströmen der Luft.*)

Der Lichtbogen läßt sich sowohl mit Gleich- als
auch mit Wechselströmen und daher auch mit Drehströmen
betreiben und wird, wie bereits Versuche von de la
Rive**), Tommasi***) und Groß und Shepardt)
ergeben haben, durch Erwärmung der Elektroden
günstig, durch Abkühlung ungünstig beeinflußt. Daß
man mit zu geringen Stromstärken keinen für Beleuchtungszwecke brauchbaren Bogen herstellen und
erhalten kann, dürfte auch hauptsächlich der Ableitung
der Wärme durch die Elektroden zuzuschreiben sein.
Bei Anwendung schwacher Ströme ist es daher
zweckmäßig, die Elektroden gegen Wärmeverluste zu
schützen.

Feußnertt) schlägt zu diesem Behufe die Anwendung eines Glaszylinders vor (besser dürfte sich ein
Zylinder aus Glimmer eignen), welcher den ganzen
Lichtbogen umgibt und sowohl oben als auch unten
gegen Luftzug möglichst abgeschlossen ist.

---

*) G. Maneuvrier, Comptes rendus T. 104 (1887). S. 967.
**) G. Wiedemann, Die Lehre von der Elekrizität, IV (1885). 2. Abt., S. 836.
***) Comptes rendus 1881, pag. 716.
†) Electrical Review 1886 (24. September, 1. Oktober).
††) Zentralblatt für Elektrotechnik, X (1888). S. 9.

Erzeugt man mit Hilfe einer Sammellinse ein Bild des Lichtbogens, so sieht man, daß die beiden Kohlen kurze Zeit nach Entstehen des Bogens, wenn zu seiner Erzeugung gleichgerichtete Ströme angewendet werden, ein voneinander verschiedenes Aussehen gewinnen. Die positive Kohlenelektrode höhlt sich kraterförmig aus und bildet eine kleine Sonne, welche an 85% der ganzen Lichtmenge nach Richtungen aus-

Fig. 2.

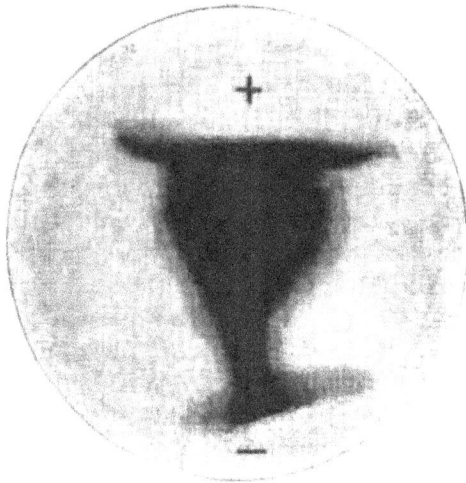

strahlt, die der Wölbung des Kraters entsprechen. Die negative Elektrode bleibt nahezu spitz und sendet daher ihre Lichtstrahlen nach allen Richtungen.

In Fig. 2 ist ein negatives Bild des Bogens dargestellt, wie ein solches durch ein von F. Uppenborn[*]) erdachtes photographisches Verfahren erhalten wurde. Faßt man die Gestalt des Lichtbogens ins Auge, so zeigt sich, daß dieselbe in erster Annäherung mit einem abgestumpften Kegel verglichen werden kann,

[*]) Zentralblatt für Elektrotechnik, X (1888), S. 104.

nicht aber mit einem Zylinder, wie dies häufig geschehen. Genau genommen ist die Gestalt des Lichtbogens der einer Birne ähnlich, von der man recht-
winkelig auf ihre Hauptachse an Stiel und Blüte etwas
weggeschnitten hat. Der Krater der positiven Kohle
ist intensiv schwarz und der Lichtbogen sitzt, wie man
sieht, an der positiven Kohle mit einer breiten Basis
auf. Dies deutet offenbar auf einen hohen Übergangswiderstand hin, worauf weiter unten noch näher eingegangen werden soll.

    Wird der Bogen in freier Luft erzeugt, so ver-
mindern sich die Kohlen sehr rasch, und zwar die positive Kohle ungefähr doppelt so schnell als die negative. Im Vakuum hingegen höhlt sich nur die negative
Kohle aus und nimmt an Volumen ab, während sich
die positive Spitze verlängert.

    Wendet man zur Erzeugung des Lichtbogens
Wechselströme an, so brennen beide Kohlen gleichmäßig ab und bleiben mehr oder weniger spitz, weshalb
auch beide Kohlen gleiche Lichtmengen ausstrahlen.

    Wichtig für die Praxis ist die Richtung der
Lichtstrahlen; während bei der Anwendung lotrecht
übereinander angeordneter Kohlen und gleichgerichteter
Ströme der größte Teil des Lichtes von der positiven
Kohle ausgeht und wegen deren Kraterbildung nach
einer begrenzten Anzahl von Richtungen gesandt wird,
strahlt der Bogen bei derselben Anordnung der Kohlen,
aber unter Anwendung von Wechselströmen, das Licht
nach allen Richtungen gleichmäßig aus. Bestimmte
Richtungen für die Ausstrahlung der Hauptmasse des
Lichtes werden auch bei der Anwendung elektrischer
Kerzen erzielt. (Nähere Angaben über diese Verhält-
nisse finden sich im Bande XI der elektrotechnischen
Bibliothek, welcher die praktische Ausführung elektrischer
Beleuchtungsanlagen behandelt.)

    Die **Lichtstärke des Lichtbogens** wurde von
Foucault und Fizeau gemessen und hierbei gefunden,

daß, wenn man die Lichtstärke der Sonne als Einheit annimmt, jene des elektrischen Lichtes = 0·5, des Drummondschen Kalklichtes = 0·0066 und des Mondlichtes = 0·000003 der Stärke des Sonnenlichtes beträgt. Die Lichtstärke ist unter sonst gleichen Bedingungen abhängig von der Länge des Bogens und vergrößert sich, wenn letzterer von 1 auf 5 mm verlängert wird, von 547 auf 1140 NK, während bei der als praktisch ermittelten Länge des Bogens von 3 mm dessen Stärke 874 NK Leuchtkraft besitzt.

Die Abhängigkeit der Lichtausstrahlung von der Bogenlänge, beziehungsweise von der Spannung wurde bereits durch F. Vogel*) näher untersucht. In Bezug auf die Oberflächenbildung der beiden Kohlen, welche für die gesamte Lichtstrahlung von Wichtigkeit ist, ergab sich hierbei, daß die untere negative Kohle immer flacher wird, zu je höheren Spannungen man übergeht. Die positive Kohle wird desto spitzer, je höher die Stromstärke im Vergleiche zum Kohlenquerschnitte steigt. Es ist daher bei den Lichtmessungen mit verschiedenen Stromstärken auch auf die Kohlenquerschnitte Rücksicht zu nehmen. Die Lichtausstrahlung wird ferner bei höheren Spannungen nicht nur, entsprechend der aufgewandten Mehrarbeit, größer. sondern die Strahlung erstreckt sich dann auch immer mehr nach unten hin. Es ist daher nicht richtig, ein Strahlungsmaximum unter beiläufig 45°, wie dies früher häufig geschah, anzunehmen. Die obere positive Kohle strahlt vielmehr die von ihrer Kraterfläche ausgehende Lichtmenge hauptsächlich nach unten aus. Ein Teil derselben und gerade jener von größter Stärke wird durch die untere Kohle abgeblendet. Man muß daher, um Bogenlicht möglichst vorteilhaft zu erzeugen, möglichst große Bogenweiten nehmen. Die Schattenbildung der unteren Kohle durch Verringerung ihres

*) Zentralblatt für Elektrotechnik, IX (1887), S. 189.

Querschnittes zu vermindern, geht nur bis zu einer gewissen Grenze, da man hierbei auf die Stromstärke Rücksicht nehmen muß.

Die Lichtausstrahlung hängt jedoch nicht nur von der Spannung ab, sondern auch noch von anderen Verhältnissen, nämlich von der Stromstärke, dem Kohlenquerschnitte, dem Kohlenmateriale und von äußeren Einflüssen. Um die Bogenlichtbeleuchtung möglichst wirtschaftlich zu gestalten, muß daher auch hierauf entsprechend Rücksicht genommen werden. Die Beziehungen, welche zwischen der Lichtausstrahlung und dem

Fig. 3.

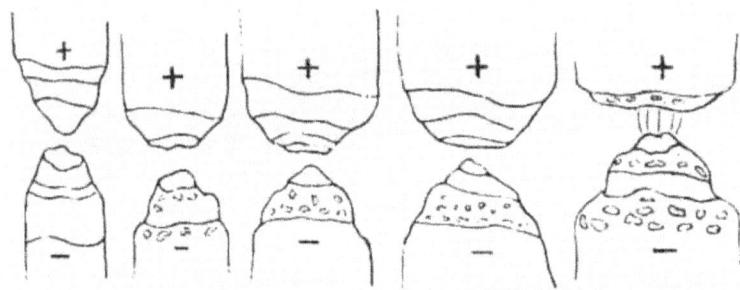

Kohlenquerschnitte bestehen, hat M. Schreihage*) durch eine eingehende Untersuchung klargestellt.

Vergleicht man die Kohlenbilder (Fig. 3), welche für verschieden starke Kohlen erhalten wurden, so fällt sofort auf, daß die durch Querlinien abgegrenzten Glühzonen bei den dünnen Kohlen hoch hinaufgehen, während sie bei wachsendem Kohlenquerschnitte immer flacher und flacher werden. Die einzelnen Teilchen der dünneren Kohlen gelangen zu einer höheren Weißglut als die der stärkeren Kohlen und daher glühen die dünneren Kohlen nicht nur an ihren gegeneinander gekehrten Enden, sondern auch noch auf eine bestimmte

*) Zentralblatt für Elektrotechnik, X (1888), S. 591.

Entfernung von denselben oder selbst in ihrer ganzen Länge. Bei starken Kohlen hingegen umfaßt der Bogen der glühenden Gase nicht mehr die ganze Kohlenspitze, sondern bedeckt nur einen Teil der Vorderfläche, wie dies aus der Figur zu ersehen ist. Bezeichnend ist es, daß bei gleichbleibender Stromstärke und Spannung mit zunehmendem Kohlenquerschnitte die oberen positiven Kohlen immer flacher brennen. Wird daher für einen bestimmten Strom zu starke Kohle benützt, so glüht nur mehr der der Spitze der negativen Kohle gegen- überliegende Kern; es engt sich der Strom gewisser- maßen in der Mitte ein und bringt daher den äußeren Rand der Kohlen gar nicht mehr zum Glühen. Die Folge davon ist, daß man dann gar keine oder doch nur eine sehr schwache wagrechte Lichtausstrahlung erhält, weil ein »Ineinanderhineinbrennen« der Kohlen stattfindet.

Wird die Stromstärke zu hoch gewählt, so nehmen beide Kohlen eine zugespitzte Form an und auf der negativen Kohle bildet sich ein pilzartiger Auswuchs. Das Entstehen des letzteren wird in der Weise er- klärt, daß von den massenhaft auf die Kathode fliegenden Kohlenteilchen nur ein geringer Teil genügend Sauer- stoff findet und zur Verbrennung gelangt, während der größere Teil unverbrannt bleibt und sich auf der Ka- thode anhäuft. Der an der positiven Kohle eintretende Kohlenverschleiß, welcher wesentlich durch die ver- brauchte Energie bestimmt wird, setzt sich aus der verdampften und verbrannten Kohle zusammen; hierbei kann das Verbrennen der Kohle dadurch eingeschränkt werden, daß man den Luftzutritt vermindert (Dauer- brandlampen).

Bezüglich der Zusammensetzung des Bogenlichtes fand Despretz*), als er den Spalt eines Spektral- apparates gegen die weißglühenden Kohlenspitzen richtete, keine besondere Eigentümlichkeit, sondern

---

* Compt. rend. XXXIII, S. 1851.

erhielt ein ununterbrochenes Spektrum, wie solches durch jeden festen, glühenden Körper erzeugt wird. Während jedoch die Grenze desselben in Rot mit jener des Sonnenspektrums zusammenfällt, dehnt es sich in Blau und Violett weit darüber hinaus. Wird der Spalt des Spektralapparates auf den Lichtbogen zwischen den beiden Kohlen gerichtet, so erscheinen im Spektrum helle Linien. Nach A. J. Angström*) gibt der elektrische Lichtbogen, der sich zwischen Kohlenpolen bildet, wenn man eine Batterie von 50 Elementen benützt, nicht das eigentliche Kohlenstoffspektrum, sondern die Spektra von Kohlenwasserstoffen und von Cyan. Hieraus scheint hervorzugehen, daß die Temperatur des Bogens nicht genügend ist, den Kohlenstoff in den Gaszustand zu überführen.**)

Stellt man den Lichtbogen in reinem Wasser, Alkohol oder Terpentinöl her, so erhält man nach Masson***) im Spektrum keine Streifen; zugleich verteilt sich aber auch keine von den Kohlenspitzen abgerissene Materie in der Flüssigkeit, die Kohlen bewahren ihre Gestalt und der Bogen ist sehr beständig.

Bedient man sich an Stelle der Kohlen, Spitzen aus Metallen, so erscheinen in den Spektris die Spektrallinien der betreffenden Metalle.

Vermöge der großen Menge der blauen und violetten Strahlen sendet der Lichtbogen eine große Menge chemischer Strahlen aus und eignet sich daher sehr gut zur Beleuchtung von Gegenständen zum Zwecke des Photographierens.

Temperatur des Lichtbogens. Mit der Entwicklung eines so kräftigen Lichtes wie das des Lichtbogens ist aber auch die Erzeugung einer sehr hohen Temperatur verbunden. Matteucci hatte bereits (1850) gefunden, daß die Temperatur der positiven Elektrode

*) Recherches sur le Spectre solaire, Upsala 1868.
**) Roscoe (Schorlemmer): Die Spektralanalyse, 1870, S. 179.
***) Ann. de Chim. et de Phys. XXXI, pag. 324.

jene der negativen Elektrode um so mehr überwiegt, je schlechter die Elektroden leiten; E. Becquerel bestimmte später (1863) die Temperatur des Lichtbogens bei Anwendung von 80 Bunsenelementen zu höchstens 2100° C.*)

Ausführliche Versuche wurden dann von Rosetti**) angestellt. Er hat bei Anwendung einer Bunsenbatterie von 160 Elementen und einer Duboscqschen Lampe die Temperatur zwischen beiden Kohlenspitzen zu 2500—3900° C. gefunden. Hierbei hatte die positive Kohle 2400—3900° und die negative 2138 bis 2530° C. Der mit acht bis zehn Bunsenelementen in einer Lampe von Reynier erzeugte Bogen erreichte an der positiven Kohle eine Temperatur von 2406 bis 2734° C. Violle***) gelangte zu dem Resultate, daß die Temperatur des Kraters 3500° erreicht, während er für die Kathodenspitze eine Temperatur von nur 2700° annimmt. Sämtliche Temperaturangaben sind nur Näherungswerte, da die Messung so hoher Temperaturen mit erheblichen Schwierigkeiten verbunden ist. Hierbei wird die angegebene Kratertemperatur für die Verdampfungstemperatur der Kohle gehalten, wozu aber allerdings bemerkt werden muß, daß Fitzgerald und Wilson auf Grund theoretischer Erwägungen annehmen zu müssen glauben, daß diese Temperatur noch lange nicht ausreiche, um die Kohle in den gasförmigen Zustand überzuführen. Die Temperatur von 2700° an der negativen Elektrode gibt Bermbacht) als die höchste Temperatur an, die bei der Verbrennung von reinem Kohlenstoff in atmosphärischer Luft erhalten werden kann. Wodurch die verschiedenen Temperaturen an den beiden Elektroden hervorgerufen werden, ist noch nicht befriedigend aufgeklärt. Als ein möglicher Grund wird

---

*) G. Wiedemann: Die Lehre von der Elektrizität. 1885. IV, 2. Abt. S. 837.
**) Ebendaselbst S. 838. (Atti del Ist. Veneto [5] V, 1879). Rosetti. Über die Temperatur der Sonne, Nuovo Lincaei 1878.
***) Comptes rendus, T. 119 (1894). pag. 940.
†) Elektrotechnische Zeitschrift, XXII (1901), S. 439.

der sogenannte Peltiereffekt angeführt, d. h. jene Beobachtung Peltiers, daß beim Durchfließen der Verbindungsstelle zweier verschiedener Metalle, z. B. der Lötstellen eines Thermoelementes, die eine Lötstelle erwärmt, die andere abgekühlt wird; im Lichtbogen wären solche Verbindungsstellen durch die Berührung der glühenden Gase des Bogens mit den beiden Kohlenelektroden gegeben.

Die hohe Temperatur des Lichtbogens ermöglicht es, schwer schmelzbare Körper in demselben zu schmelzen und zu verflüchtigen. Children *) hat auf diese Weise bereits im Jahre 1815 Wolframsäure, Molybdänsäure und Ceroxyd verflüchtigt, Uranoxyd, Titansäure und Iridium geschmolzen. Despretz**) sah bei einem im luftleeren Raume von 500 bis 600 Bunsenelementen erzeugten Bogen die Kohlenspitzen verdampfen, in derselben Weise, wie wenn Joddampf aus erhitztem Jod sich entwickelt. Auch beobachtete er an den Wänden des Glasgefäßes das Niederschlagen eines schwarzen, kristallinischen Pulvers.

Dewar***) versuchte die gesamte Wärmeausstrahlung des Lichtbogens zu bestimmen, indem er eine Siemenssche Lampe mit einem Blech-Doppelzylinder ganz umschloß und dann die Erwärmung des in diesen hineingebrachten Wassers bestimmte. In einem bestimmten Falle wurden auf diese Weise in einer Minute 34.000 Kalorien erzeugt.

Wenn als einer der Vorzüge des elektrischen Lichtes vor den übrigen Beleuchtungsarten auch der angegeben wird, daß die übermäßige Erhitzung der Räume vermieden erscheint, so steht dies keineswegs mit den oben gemachten Zahlenangaben im Widerspruche, denn die wärmeausstrahlende Fläche des elektrischen Lichtes ist im Verhältnisse zu der anderer Lichter so

---

*) Phil.Trans. 1815, II, pag. 369 (auch Gilberts Ann. LII., S. 363).
**) Compt. rend. XXVIII, pag. 755; XXIX, pag. 48, 545, 709.
***) Proc. Roy. Soc. XXX (1880), pag. 85.

klein, daß die Gesamtwärmemenge der ersteren hinter der der letzteren weit zurückbleibt. Siemens fand, daß ein elektrisches Licht von 4000 Kerzen Helligkeit 142·5 Wärmeeinheiten in der Minute erzeugt. Will man dieselbe Lichtmenge durch Gasflammen erhalten, so bedarf man 200 Argandbrenner, welche 15.000 Wärmeeinheiten erzeugen. Das elektrische Licht bringt also ungefähr nur 1% der Wärme hervor, welche eine gleich helle Gasbeleuchtung ergeben würde.

In bezug auf die Temperaturerhöhung, welche die Luft in geschlossenen Räumen durch verschiedene Beleuchtungsarten erfährt, hat Sennett[*]) folgende Angaben gemacht. Ein Raum von 50 Quadratfuß Bodenfläche und 20 Fuß Höhe wird während 10 Stunden durch verschiedene Lichtquellen, jedoch immer mit einer Gesamthelligkeit von 4000 Kerzen beleuchtet und dabei Sorge getragen, daß keinerlei Wärmeverluste erfolgen können. Man wird dann am Ende der zehn Stunden die Temperatur des Raumes gestiegen finden für Beleuchtung

mit Bogenlicht um . . . . o 706⁰ C.
» Glühlicht » . . . . 7·0⁰ C.
» Gas » . . . . 78·4⁰ C.
» Kerzen » . . . . 190·0⁰ C.

Hat die Luft in diesem Raume zu Beginn der Beleuchtung eine Temperatur von 16⁰ C. gehabt, so wird die Temperatur nach Ablauf der 10 Stunden bei Beleuchtung

mit Bogenlicht auf . . . . 16·7⁰ C.
» Glühlicht » . . . . 23⁰ C.
» Gas » . . . . 98·4⁰ C.
» Kerzen » . . . . 206·0⁰ C.

gestiegen sein.

Die hohe Temperatur des Lichtbogens veranlaßt natürlich auch chemische Vorgänge, die sich sowohl

---

[*]) La lumière électrique, XIV (1884), pag. 503.

mit der Natur der Elektroden als auch mit jener ihrer
Umgebung ändern müssen; umgekehrt wirken diese
Umstände auch wieder auf den Lichtbogen zurück.
In dem gegebenen Falle werden im Bogenlichte
1750 g Kohle verbrannt und liefern 6413 g oder 42 l
Kohlendioxyd (sogenannte Kohlensäure). Ferner entstehen auch Stickstofftetroxyd (sogenannte Untersal-
petersäure) und Sauerstoffverbindungen des Schwefels
(Schwefeldioxyd und vielleicht auch Schwefelsäure),
wenn die Kohlen Schwefel enthalten. Die Mengen dieser
Verbindungen sind sehr wechselnde und hängen von
verschiedenen Umständen ab, wie z. B. davon, ob die
Kohlen frei oder eingeschlossen in einer Glocke brennen;
es werden größere Mengen erzeugt, wenn die Kohlen
wagrecht einander gegenüberstehen als wenn sie sich
senkrecht übereinander befinden.

Um in dem oben erwähnten Raume das Verderben
der Luft durch die Erzeugung von Kohlendioxyd hint-
anzuhalten, wäre es nach Sennett notwendig, für die
verschiedenen Beleuchtungsarten die nachstehend angegebene Anzahl von Luftwechsel zu bewirken:

	Kohlendioxyd (Verhältniszahlen)	Zahl der Luftwechsel
Für Bogenlicht.	1	3˙25
» Gas (Nr. 1)	133	500
» » (Nr. 2)	53	200
» Steinöl	80	300
» Kerzen (Nr. 1)	220	830
» » (Nr. 2)	178	670

Daß die Luftfeuchtigkeit einen Einfluß auf die
elektrolytischen Erzeugnisse des Lichtbogens hat, wurde
bereits von J. Dewar*) nachgewiesen. Nach ihm wird
in feuchter Luft Cyanwasserstoff in erheblicher Menge
erzeugt, während sich nur wenig Acetylen bildet. Nach
F. Vogel**) findet bei der hohen elektromotorischen

---

*) Proc. of the Roy. Soc. XXX (1880), pag. 85.
**) Zentralblatt für Elektrotechnik, IX (1887), S. 218.

Kraft im Lichtbogen eine elektrolytische Zerlegung des Wasserdampfes statt, dessen Bestandteile sich erst außerhalb des eigentlichen Bogens wieder vereinigen. Da bei der chemischen Verbindung von Wasserstoff mit Sauerstoff wenig Licht erzeugt wird, so geht der größte Teil der zur Zerlegung des Wasserdampfes aufgewandten Arbeit für die Beleuchtungszwecke verloren. Wie viel elektrische Arbeit hierbei verbraucht wird, läßt sich vorläufig nicht berechnen, da die Vorgänge im Lichtbogen zu mannigfach sind.

In Übereinstimmung mit der Annahme, daß im Lichtbogen selbst keine Verbrennung des Wasserstoffes stattfindet, ist die Tatsache, daß nicht einfach Kohlendioxyd und Wasser die Verbrennungsprodukte der Kohlen sind, sondern daß sich Acetylen und andere Kohlenwasserstoffe bilden. Vogel schreibt dem verschiedenen Gehalte der Luft an Wasserdampf die Nichtübereinstimmung der von verschiedenen Beobachtern an verschiedenen Orten und zu verschiedenen Zeiten gefundenen Werte für die Lichtstärken zu. Ob dies wirklich der Fall ist und in welchem Grade der Lichtbogen beeinflußt wird, können aber allerdings erst weitere Untersuchungen entscheiden.

Mechanische Erscheinungen im Lichtbogen. Außer den erwähnten Verbrennungserscheinungen treten im Lichtbogen auch noch mechanische Erscheinungen ein. Bestehen die beiden Elektroden aus Kohle, so werden die Kohlenteilchen abgerissen und vorwiegend in der Richtung von der positiven zur negativen Elektrode fortgeschleudert, so daß sich also der Lichtbogen der Hauptsache nach als ein Strom glühender Kohlenteilchen darstellt, die zumeist in der Richtung von der positiven zur negativen Elektrode gehen. Diese zuerst von Silliman*) beobachtete Erscheinung wurde später durch Experimente mehrfach bewiesen. So hat

---

*) G. Wiedemann: Die Lehre von der Elektrizität. 1885, IV, 1. Abt., S. 841.

3*

V. v. Lang,*) um eines derselben hier zu erwähnen,
gelegentlich einer Untersuchung über die elektromotorische Kraft des Lichtbogens folgende Beobachtung
gemacht. Bestand der positive Pol aus Kohle, der
negative aus Platin, so lagerten sich bei nahem Stande
der Elektroden von der Kohle Teilchen auf dem Platin
in einem Kegel ab, der mit seiner Spitze der positiven
Kohle entgegenwuchs und fast ganz in die Aushöhlung
der Kohle hineinpaßte. Entfernte man die Elektroden
weiter voneinander, so brannte die an der negativen
Elektrode abgelagerte Kohle ab.

Daß auch von der negativen Elektrode, wenngleich in verhältnismäßig unbedeutender Menge, Teilchen abgerissen und fortgeschleudert werden, hat
Breda**) sowohl durch Anwendung zweier verschiedener Metalle sichtbar gemacht, als auch durch Wä-
gungen bewiesen.

Dewar***) machte es durch eine Reihe von Versuchen wahrscheinlich, daß im Innern der Gashülle
des Lichtbogens ein etwa um 2 mm höherer (Wasser-)
Druck herrscht als außerhalb. Dewar hat bei einem
zwischen Kohlenstäben erzeugten, regelmäßig brennen-
den Lichtbogen für den positiven Pol eine Druckzu-
nahme von 1 bis 2 mm Wassersäule erhalten, während
das Manometer am negativen Pole eher eine kleine
Verminderung des Druckes erkennen ließ. Fängt der
Bogen zu zischen an, so nimmt der Druck am positiven Pole ab und kann sogar negativ werden. Gehen
Ausströmungen vom positiven zum negativen Pole
über, so zeigt das Manometer am letztern eine Druck-
zunahme. Der Druck ist überhaupt desto größer, je
kürzer die Lichtbogen sind.

Trotzdem über das **elektrische Verhalten des
Lichtbogens** zwar schon zahlreiche Untersuchungen †)

---

*) Zentralblatt für Elektrotechnik, IX (1887), S. 567.
**) Poggend. Ann., Bd. LXX.
***) Chem. News. XLV (1882), pag. 37.
†) Arens: Wiedemanns Ann. XXX, S. 95. Ayrton und Perry: La

ausgeführt worden sind, die hier nicht sämtlich erläutert werden können, ist es doch noch nicht gelungen,
eine vollständige Klärung herbeizuführen. Was zunächst die Spannungsdifferenz zwischen den beiden
Elektroden anbelangt, so hängt diese von der Beschaffenheit des Elektrodenmaterials, aber auch von
der Länge und dem Querschnitte des Lichtbogens ab.
Leicht zu verflüchtigende Stoffe in den Elektroden
verringern den Spannungsabfall und daher ist es auch
nicht gleichgültig, ob Homogenkohlen, Dochtkohlen
oder beiderlei Kohlen als Elektroden Verwendung
finden, denn die Dochtkohle enthält Beimengungen,
die leichter flüchtig sind als die gewöhnliche
Kohle.

Wird im Schließungskreise einer Elektrizitätsquelle
ein Lichtbogen hergestellt, so tritt eine auffallend
starke Stromschwächung ein, auf welche die Länge
des Lichtbogens keinen besonderen Einfluß ausübt.
Edlund, welcher diese auffallende Erscheinung zuerst einer eingehenden Untersuchung unterzog, fand
dabei daß der Widerstand des Lichtbogens allerdings
mit der Länge desselben zunehme, jedoch keineswegs

lumière électrique. T. IX, pag. 90. Dewar: Proc. of the Roy. Soc. XXX (1880),
pag. 85. Dub: Zentralblatt für Elektrotechnik, X (1888), S. 749. Edlund: Pogg.
Ann., Bd. CXXXI (1876), S. 536; Bd. CXXXIII (18.8), S. 353; Bd. CXXXIV (1868),
S. 250, 337; Bd. CXXXIX (1870), S. 353; Bd. CXL (1870), S. 552. Feussner:
Zentralblatt für Elektrotechnik, X, S. 8. Frölich: Elektrotechnische Zeitschrift,
IV (1883), S. 150. V. v. Lang: Sitzungsbericht der Wiener Akademie der Wissen-
schaften, Bd. XCI (2), 1885, S. 844; XCV (2) 1887, S. 84. Lecher: Zentralblatt
für Elektrotechnik, X, S. 47. Lucas: La lumière électrique, XII (1884), pag. 274.
Luggin: Zentralblatt für Elektrotechnik, X, S. 567. Nebel: Zentralblatt für Elektro-
technik, VIII (1886), S. 517, 619. Peukert: Zeitschrift für Elektrotechnik, III,
(1885), S. 111. Uppenborn: Zentralblatt für Elektrotechnik, VIII (1886), S. 173;
IX (1887), S. 633; X (1888), S. 102. Vogel: Zentralblatt für Elektrotechnik, IX,
S. 189 und 217. G. Wiedemann: Die Lehre von der Elektrizität, 1885, Bd. IV,
Abt. II, S. 831. Zacharias: Zentralblatt für Elektrotechnik, VIII (1886), S. 676.
Voit: Der elektrische Lichtbogen, 1896. Arons: Wiedemanns Ann. 57 (1896),
S. 185. Hertha Ayrton: Electrician, XLII (1899), pag. 791, 832. Rasch:
Elektrotechnische Zeitschrift, XXII (1901), S. 155. Wedding: Elektrotechnische
Zeitschrift, XIX (1898), S. 863. Hartmann, Elektrotechnische Zeitschrift, XX
(1900), S. 369. Ruhmer: Elektrotechnische Zeitschrift, XXII (1901), S. 196.
Görges: Elektrotechnische Zeitschrift, XVI (1895), S. 584. Simon: Elektro-
technische Zeitschrift, XIX (1899), S. 327, XXII (1901), S. 510. Duddel: Elec-
trician (1900), Nr. 1178 u. s. w. — Ferner Ayrton, Hertha: The Electric Arc.
London 1902.

im selben Verhältnisse wie die Bogenlänge, sondern
entsprechend einer Gleichung von der Form

$$w = a + bl,$$

wobei a und b Konstante darstellen, und l die Länge
des Bogens bedeutet. Diese Formel lehrt, daß durch
die Erzeugung des Lichtbogens eine Stromschwächung
bewirkt wird, die unabhängig von der Bogenlänge ist.
Als Ursache dieser Stromschwächung könnte man nun
zunächst zweierlei vermuten: Es kann der Übergangswiderstand sein, welcher beim Übergang · der Elektrizität aus dem festen Leiter in die Luft zur Geltung
kommt, oder es wird bei Herstellung des Lichtbogens
in diesem selbst eine elektromotorische Kraft hervorgerufen, welche jener der Elektrizitätsquelle entgegenwirkt. Diese beiden Ansichten über die Ursache der
Stromschwächung sind es nun auch, welche durch
die nachher durchgeführten vielfachen Untersuchungen
begründet, beziehungsweise widerlegt werden sollen.
Edlund selbst glaubte eine elektromotorische Gegenkraft annehmen zu sollen und suchte diese Ansicht
durch Versuche und theoretische Erläuterungen zu
bekräftigen. Für die Ansicht Edlunds traten später
v. Lang, Fröhlich, Peukert u. a. ein, wobei die
zwei letztgenannten, an dem hohen Werte (etw 40 V)
der elektromotorischen Gegenkraft Anstoß nehmend,
neben dieser auch noch einen Übergangswiderstand
voraussetzen. Unmöglich ist das Auftreten einer elektromotorischen Gegenkraft nicht, wenngleich das Vorhandensein einer solchen keineswegs bewiesen ist.
So haben z. B. Elster und Geitel nachgewiesen,
daß eine elektromotorische Kraft an der Berührungsstelle eines Gases mit einer glühenden Fläche auftritt. Dies auf den Lichtbogen angewandt, würde daher
das Entstehen elektromotorischer Kräfte an beiden
Elektroden ergeben, die sich trotz ihrer einander entgegengesetzten Richtung nicht aufzuheben brauchen,
wenn an den beiden Elektroden verschiedene Tem-

peraturen herrschen. Im letzteren Falle ist übrigens auch das Entstehen von Thermoströmen ermöglicht. Nebel, Uppenborn, Lecher, Wiedemann u. a. suchen hingegen die durch den Lichtbogen bewirkte Stromschwächung auf andere Ursachen als das Auftreten einer elektromotorischen Kraft zurückzuführen. So ist Nebel auf Grund seiner sehr eingehenden Versuche zu folgenden Ergebnissen gelangt.

1. Bei unveränderter Bogenlänge sinkt die Spannungsdifferenz bei Stromzunahme anfangs stark, erreicht ein Minimum und steigt dann wieder langsam.

2. Dieses Minimum von Spannungsdifferenz verschiebt sich mit wachsender Bogenlänge im Sinne der Stromzunahme.

3. In der Beziehung zwischen Spannungsdifferenz und Bogenlänge ($D = a + bL$) ist nicht erwiesen, ob die Konstante a von der Stromstärke abhängt, während eine solche Abhängigkeit, allerdings sehr gering, bei der Konstanten b vorhanden zu sein scheint. Uppenborn hat auf Grund seiner Versuche diesen Punkt in folgender Weise ergänzt: Die Konstanten a und b sind von der Stromdichte abhängig; a nimmt mit wachsender Stromdichte zu, und zwar von etwa 25 bis 45, b nimmt mit wachsender Stromstärke ab. Die Konstanten a und b sind bei gleicher Stromstärke abhängig von der Beschaffenheit der Kohlenstäbe.

4. Die Konstante a, genannt die elektromotorische Gegenkraft des Lichtbogens, nimmt mit wachsendem Kohlendurchmesser ab.

5. Die Konstante a kann keine elektromotorische Gegenkraft im Sinne derjenigen von Flüssigkeiten sein. Nach Uppenborn bedeutet sie vielmehr einen Spannungsverlust infolge eines Übergangswiderstandes; letzterer nimmt mit wachsender Stromstärke und wachsendem Querschnitte des Bogens ab.

Wenn sich auch gegenwärtig die Mehrzahl der Fachmänner dieser Ansicht bezüglich der Konstanten a

anzuschließen scheint, sollen doch schließlich noch zwei Vermutungen mitgeteilt werden, welche eine andere Erklärung nicht unmöglich erscheinen lassen. So meint G. Wiedemann, der Bogen könne aus einer großen Anzahl sehr schnell hintereinander folgender einzelner Entladungen bestehen, indem die freie Spannung an den Elektroden einen gewissen Wert erreichen müßte, bis Materie und mit ihr eine gewisse Elektrizitätsmenge, welche die Materie zum Glühen bringt, im Bogen überginge, ebenso wie ja auch zur Bildung des elektrischen Funkens eine bestimmte, einseitig gerichtete Potentialdifferenz erforderlich ist. Wenn auch der Lichtbogen im rotierenden Spiegel kontinuierlich erscheint, so ist dies kein Gegenbeweis, da nur die bei jeder Einzelentladung verschwundene Potentialdifferenz durch die den Strom liefernde Maschine so schnell wieder erneuert zu werden braucht, daß die einzelnen Entladungen in zu kurzer Zeit aufeinander folgen, um im Spiegel getrennt zu erscheinen.

F. Lecher*) hat in einer längeren Reihe von Versuchen diese Ansicht über die Natur des Lichtbogens geprüft und glaubt auf Grund derselben die Vermutung aussprechen zu können, es sei der Übergang der Elektrizität im Lichtbogen ein diskontinuierlicher. Bei Anwendung von Kupfer- und Silberelektroden erfolgen aber die einzelnen Stöße wahrscheinlich so schnell, daß sie sich tatsächlich nicht mehr nachweisen lassen. Die Anzahl der einzelnen Stöße ist bei Eisen und vor allem bei Platin eine bedeutend kleinere und man kann daher mit den bis jetzt angewandten Hilfsmitteln die Erscheinung hier bereits feststellen. Die Kohle scheint nach den bis jetzt gemachten Versuchen trotz der hohen Potentialdifferenz von Kohlenelektroden in bezug auf Diskontinuität des Lichtes dem Kupfer und Silber näher zu stehen als dem Eisen und Platin.

---

*) Zentralblatt für Elektrotechnik, X (1888), S. 47.

Lecher weist ferner auch darauf hin, daß außer
der elektromotorischen Gegenkraft, des Übergangswiderstandes und der Diskontinuität der Entladung
auch noch die räumliche Ausbreitung der Elektrizität
zwischen den beiden Elektroden zur Erklärung heran-
gezogen werden könne. Er untersuchte auch den
Potentialverlauf im Innern des Bogens, indem er seitlich und senkrecht zu demselben einen feinen Kohlenstift einführte. Es ergab sich hierbei für die verschiedenen Stellen des mindestens $2 \cdot 5 \, mm$ langen Bogens
ein fast unveränderliches Potentiale; dieses änderte
sich auch dann nicht, wenn der Kohlenstift in senkrechter Richtung auf den Bogen aus diesem ziemlich
weit herausgezogen wurde, was auf eine ziemlich
erhebliche räumliche Ausdehnung des Lichtbogens
schließen läßt.

Aus diesen Untersuchungen ergibt sich aber auch,
daß der Widerstand des Lichtbogens viel kleiner ist,
als er nach der gewöhnlichen Deutung der Konstanten b
(in der Formel $w = a + bl$) sein müßte. Ferner ergibt
sich hieraus, daß die gesamte Potentialdifferenz sich
aus zwei Teilen zusammensetzt. Es findet nämlich
unmittelbar an der positiven, heißeren Elektrode ein
sehr bedeutender Potentialsprung (von $36 \, V$), an der
negativen kälteren ein weitaus kleinerer (von $10 \, V$)
statt.

Zu einem hiermit übereinstimmenden Resultate gelangte Uppenborn, als er untersuchte, wo der eigentliche Hauptwiderstand, die Konstante a, zu suchen sei.
Wie bereits erwähnt, deutet schon das breite Aufsitzen
des Lichtbogens auf der positiven Elektrode (Fig. 2,
S. 25) auf einen hohen Übergangswiderstand hin. Es
erscheint daher von vorneherein wahrscheinlich, daß
der Spannungsverlust a der Hauptsache nach beim
Übergange des Stromes von der positiven Kohle in
die Luft stattfindet, und tatsächlich wurde dies auch
durch direkte Messungen bestätigt. Bei einem Licht-

bogen, dessen Länge zwischen 6 und 16 mm betrug, wurde aus 60 Einzelmessungen a zu 38·0 V gefunden, und zwar 32·5 beim Übergange von der positiven Kohle in die Luft und 5·5 beim Übergange von der Luft in die negative Kohle.

Wird der Lichtbogen mit **Wechselstrom** betrieben, so ist zunächst als auffallend zu bezeichnen, daß zwischen Elektroden aus vielen Metallen kein Lichtbogen zu stande kommt, obwohl er zwischen Kohlenelektroden sehr leicht entsteht.*) Solche unter dem Namen **bogenlöschende** *(non-arcing-)* Metalle bekannte Metalle sind besonders Zink, Antimon, Kadmium, Wismut und Kupferamalgam. Diesen Metallen kommt die erwähnte Eigenschaft bei Stromspannungen bis zu 1000 V zu, während Magnesium sich nur für Spannungen unter 250 V als bogenlöschend erwies. Wurts, welcher dieses auffällige Verhalten der genannten Metalle zur Konstruktion einfacher Blitzschutzvorrichtungen benützte, erklärt dasselbe dadurch, daß beim Entstehen des Lichtbogens Metalloxyde in Dampfform verwandelt werden, die durch ihre geringe Leitungsfähigkeit das Erlöschen des Lichtbogens bewirken.

Das fortwährende Fallen und Steigen der Stromstärke beim Wechselstrombetriebe äußert sich im Lichtbogen durch Flimmern des Lichtes, sobald die Periodenzahl des Wechselstromes eine zu niedrige wird. Die Grenze für die Wahrnehmbarkeit des Flimmerns ist zwar subjektiv, doch können im allgemeinen etwa 60 Perioden hierfür angenommen werden, während z. B. Görges**) für 40 Perioden das Flimmern bereits unerträglich findet. Das Flimmern wird übrigens nicht so auffällig, wenn man sich in größerer Entfernung von der Lampe befindet oder den Lichtbogen in Mattglas einschließt oder auch unmittelbar ober-

---

*) A. J. Wurts: La lumière él. XLV (1893), pag. 83. Arons: Wiedemanns Ann. LVII (1896), pag. 185.
**) Elektrotechn. Zeitschr. XVI (1895), S. 548.

halb desselben einen kleinen Scheinwerfer (Reflektor)
anbringt. Von wesentlichem Einflusse auf die Leuchtkraft ist die Länge des Lichtbogens; er darf, da beide
Flächen der abgestumpften Kegel an den gegeneinander
gekehrten Kohlenenden Licht aussenden, nicht zu klein
sein, da sonst zu starke Schattenbildung eintritt. Für die
gebräuchlichen Periodenzahlen wird eine desto höhere
Leuchtkraft erzielt, je flacher die Stromkurve ist, was
Görges so erklärt, daß bei spitzen Kurven auf kurze,
hohe Stromstärken längere Zeiten mit geringer Stromstärke folgen, wodurch die Kohlen sich stark abkühlen
und rasch an Strahlungsintensität verlieren; diese Zeiten
kommen dann aber für die Lichtausbeute wenig in
Betracht. Beim Wechselstromlichtbogen spricht man
auch von einer Phasenverschiebung und bezeichnet
hiermit den Quotienten aus den mit den Wattmeter
gemessenen Watt durch das Produkt der mit dem
Spannungs-, beziehungsweise Strommesser gemessenen
Volt-Ampère, also $\dfrac{\text{Watt}}{\text{Volt-Ampère}}$; dieser Quotient wird
auch Leistungsfaktor genannt. Treten im Lichtbogen
unter der Voraussetzung einer sinusartigen Stromkurve
nennenswerte Widerstandsänderungen im Lichtbogen
auf und ist keine elektromotorische Gegenkraft tätig,
so tritt eine scheinbare Phasenverschiebung ein, ist
jedoch eine elektromotorische Gegenkraft vorhanden, so
entsteht eine wirkliche Phasenverschiebung. Heubach
fand für den Lichtbogen zwischen zwei Dochtkohlen
keine Phasenverschiebung, wohl aber für einen Bogen
zwischen zwei Homogenkohlen oder einer Homogen-
und einer Dochtkohle. Görges fand eine kleine, wirkliche Phasenverschiebung, die er unter Annahme
thermoelektrischer Kräfte im Lichtbogen zu erklären
sucht. Steinmetz, Fröhlich u. a. bestreiten das Auftreten einer Phasenverschiebung.*)

*) H e u b a c h: Elektrotechn. Zeitschr. XIII (1892), S. 460; S t e i n m e t z:
S. 567. G ö r g e s: Elektrotechn. Zeitschr. XVI (1895), S. 548. B e r m b a c h: Elektrotechn. Zeitschr. XXII (1901), S. 439.

Zischen, Tönen und Sprechen des Lichtbogens.
Einer besonderen Erläuterung bedürfen gegenwärtig
die ursprünglich nicht sehr beachteten und nur als
lästige Begleiterscheinungen empfundenen akustischen
Erscheinungen im Lichtbogen. Man bemerkte zunächst
das sogenannte Zischen oder Brummen der Lampen
und führte dasselbe auf die Unreinigkeiten der Kohle
zurück oder schrieb es dem Hin- und Herspringen
des Bogens infolge stellenweise zu starker Erhitzung
zu.*) Beim Wechselstrombogenlicht müssen die peri-
odisch eintretenden Erwärmungen Ausdehnungen der
Kohlenspitzen und der Gase zur Folge haben und
können dadurch zu Geräuschen Veranlassung geben.
Diese Geräusche sind wesentlich von der Form der
Stromkurve beeinflußt und bestehen bei einem sinus-
förmigen Verlauf der letzteren in einem leisen, musi-
kalisch reinen Tone. Für Stromkurven mit plötzlichen
Änderungen treten zu diesem Tone auch Obertöne
und geben dann ein Geräusch. Durch Einschließen
des Bogens in Glasglocken wird dieses Geräusch stark
gedämpft und ist daher bei sinusförmiger Stromkurve
zumeist unmerkbar.**)

Hertha Ayrton***) unterwarf das Zischen und
Brummen der Bogenlampen einem eingehenden Stu-
dium und prüfte namentlich Trotters Ansicht über
die Ursache des Zischens. Letzteres wird häufig durch
Brummen eingeleitet und ist von einem Anwachsen
der Stromstärke begleitet, während gleichzeitig die
Lichtstärke sinkt und die Spannung zwischen den
Kohlenelektroden einen Abfall von ungefähr 10 V
zeigt. Lampen mit eingeschlossenem Bogen scheinen
von dem lästigen Zischen frei zu sein. Für jedes
Kohlenpaar und jede Bogenlänge gibt es eine be-

---

*) G. Wiedemann: Die Lehre von der Elektrizität 1885. IV, 2. Abt.,
S. 845; Comptes rendus XCIV (1880), pag. 462. Lecher: Zentralblatt f. Elektro-
technik, X (1888), S. 52.
**) Görges: Elektrotechn. Zeitschr. XVI (1895), S. 548.
***) Elektrotechn. Zeitschr. XX (1899), S. 261.

stimmte maximale Stromstärke, bei welcher der früher lautlose Lichtbogen aufhört dies zu sein und unstabil wird. Bei der Überschreitung dieser Stromstärke treten bandartige helle und dunkle Streifen im Lichtbogen auf, welche sich drehen und nach Trotter bei 450 Umdrehungen in der Sekunde von Zischen begleitet sind. Dann lagert sich eine dunkle Wolke über den Lichtbogen, im Krater entsteht ein grünes Licht und gleichzeitig wird der Lichtbogen in senkrechter Richtung zu seiner Achse verbreitert. Während auf der negativen Elektrode zuweilen ein Pilz entsteht, vergrößert sich der Krater auf der positiven Elektrode stark und greift über die Kohlenränder. Hierin soll nun auch die Ursache des Zischens liegen, indem dann die aus verflüchtigtem Kohlenstoff gebildete Umhüllung des Lichtbogens nicht mehr das Eindringen von Luft in den Krater zu verhindern vermag, welche dann zur Verbrennung der Kohle im Krater mit grünem Lichte führt. Die hierbei stattfindende heftige Bewegung der Gase erzeugt dann das zischende Geräusch. Für diese Erklärung des Zischens suchte Hertha Ayrton eine experimentelle Stütze, indem sie zunächst den Lichtbogen gegen die Luft vollkommen abschloß, wobei in der Tat das Zischen ausblieb und dann umgekehrt in den Lichtbogen unter Anwendung einer röhrenförmigen positiven Kohle Luft einblies und dadurch einen lautlosen Lichtbogen, gleichgültig ob derselbe frei brannte oder eingeschlossen war, zum Zischen brachte.

Bedeutend größeres Interesse erregten jedoch jene zuerst von H. Th. Simon*) beobachteten akustischen Erscheinungen, welche unter den Bezeichnungen Tönen des Lichtbogens, sprechender Lichtbogen u. dgl. bekannt geworden sind. Gelegentlich einer Arbeit mit einer Bogenlampe bemerkte Simon an derselben ein knatterndes Geräusch, so oft im be-

---

*) Wiedemann: Ann. LXIV (1898), S. 233. Elektrotechn. Zeitschr. XIX (1898), S. 321, 327; XXII (1901), S. 510.

nachbarten Zimmer ein Induktorium in Gang gesetzt wurde. Nähere Untersuchung ergab, daß die Leitung, welche zum Induktorium führte, mit der Speiseleitung der Lampe parallel lief. Nun wurde in den Lampenkreis die Primärspule eines Induktoriums geschaltet und die sekundäre Spule desselben mit einem Mikrophon und einem galvanischen Elemente verbunden. Bei dieser Anordnung gab die Lampe Töne und Worte wieder, wenn vor dem Mikrophon Töne, z. B. durch eine schwingende Stimmgabel oder eine Pfeife erregt, oder in das Mikrophon gesprochen wurde. Hierbei werden die im Mikrophonstromkreise erzeugten Stromänderungen durch die Induktionsspule auf den Lampenstromkreis übertragen und diese übergelagerten Stromänderungen erzeugen nach Simon entsprechende Schwankungen der Jouleschen Wärme. Letztere bewirken dann Schwankungen des Flammenbogenvolumens, die sich in die umgebende Luft als Schallwellen ausbreiten. Die durch die Stromstärkenänderungen bewirkten Temperaturänderungen hat Simon für eine Temperatur des Lichtbogens von 3000⁰ C. mit 0·3⁰ C. berechnet. Der beschriebene Versuch kann aber auch gewissermaßen umgekehrt werden, indem man in den Stromkreis der sekundären Spule an Stelle des Mikrophones und des zugehörigen Elementes ein Telephon schaltet und auf den Lichtbogen Schallwellen durch Sprechen, Pfeifen u. s. w. leitet. Es übernimmt dann der Lichtbogen die Rolle des Mikrophons und das Telephon dient wie bei der gewöhnlichen telephonischen Übertragung als Hörtelephon. Die Bogenlampe kann somit sowohl als telephonischer Sender als auch Empfänger dienen und es kann auch von zwei hintereinander geschalteten Bogenlampen die eine die Rolle des Senders und die andere die Rolle des Empfängers spielen. Ja, es können sogar die Mikrophonströme über den Feldmagnetstrom einer Dynamomaschine gelagert werden, so daß dann alle

Bogenlampen des zugehörigen Leitungsnetzes die Worte wiedergeben, welche gegen das Mikrophon gesprochen wurden. Für die angegebenen Experimente wird gewöhnlich Gleichstrom benützt, doch ist auch die Anwendung des Wechselstromes nicht ausgeschlossen. Die Versuche mit der sprechenden Bogenlampe wurden unter Anwendung verschiedener Schaltungsweisen von Simon u. a.*) vielfach erweitert und für dieselben auch verschiedene Erklärungen versucht, doch kann hier nur Weniges mitgeteilt werden und wird im übrigen auf die betreffende Literatur verwiesen.

Fig. 4.

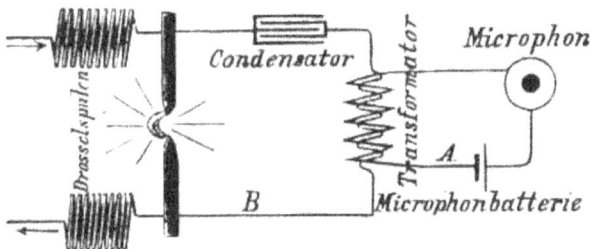

Eine wirksame Anordnung für die Ausführung der Versuche ist z. B. mit der von Duddel angegebenen. in Fig. 4 schematisch dargestellten Schaltung gegeben. Der Mikrophonstromkreis *A* ist bei derselben wie gewöhnlich über die Sekundärspule geschlossen, während der Nebenschluß *B* zum Hauptstromkreise der Bogenlampe die Primärspule enthält; charakteristisch für diese Schaltung ist aber die Anordnung von Drosselspulen zwischen der Bogenlampe und der Dynamomaschine einerseits und eines Kondensators zwischen der Bogenlampe und dem Transformator anderseits.

---

*) West: Elektrotechn. Zeitschr. XIX (1898), S. 321. Braun: Wiedemanns Ann. LXV (1898), S. 358. Hartmann: Elektrotechn. Zeitschr. XX (1899), S. 369. Duddel: The Electrician Nr. 1178 (1900). Peukert: Elektrotechn. Zeitschr. XXII (1901), S. 467. Ruhmer: XXII (1901), S. 196 u. s. w.

Durch die Drosselspulen, also einer Selbstinduktion mit geringem Widerstande, wird dem den Lichtbogen speisenden Gleichstrom kein wesentliches Hindernis entgegengestellt, wohl aber den Wechselströmen des Transformators, so daß diese sich nicht über den Dynamostromkreis ausgleichen können, sondern über den Lichtbogenkreis verlaufen müssen. Die in diesem befindliche Kapazität des Kondensators bildet kein Hindernis für die Wechselströme, verhindert aber das Eindringen von Gleichströmen aus dem Dynamostromkreise und so wirken Kapazität und Selbstinduktion zusammen zur Erzielung kräftiger Wirkungen. Während man bei anderen Schaltungen besondere Kunstgriffe, z. B. Hörrohre mit Schalltrichtern, anwenden mußte, um das Sprechen der Bogenlampe zu verstehen, gelingt es mit Duddels Schaltung, die Lampe für einen ganzen Saal hörbar sprechen zu machen.

Pfeifende oder zischende Töne gibt eine Bogenlampe auch, wenn sie mit einer primären Spule in einem Stromkreise liegt und die sekundäre Spule im zweiten Stromkreis, der seinerseits durch gute oder schlechte Leiter, Ableitungen zur Erde u. s. w. ganz oder teilweise geschlossen ist; ferner kann das Zischen auch eintreten, wenn keine sekundäre Spule vorhanden ist, über die primäre Spule aber eine Metallhülse geschoben wird. Hierin sucht Hartmann auch die Veranlassung zum Pfeifen oder Zischen der Bogenlampen beim gewöhnlichen Betriebe, da der Mechanismus der Lampen stets Spulen und Metallröhren enthält. Anderseits sind auch Stromschwankungen im Lichtbogen stets vorhanden infolge von Stromschwankungen im Lampenstromkreise, der Kohlenbeschaffenheit u. dgl. Diese Stromschwankungen induzieren in benachbarten Leitern Schwingungen, die auf den primären Strom zurückwirken, wobei die Rückwirkung unter Umständen stark genug werden kann, um den Lichtbogen zu beeinflussen. Da nun Stromschwan-

kungen im Hauptstromkreise durch eingeschaltete
Selbstinduktion abgeflacht werden können, wirkt auch
der den Bogenlampen gewöhnlich vorgeschaltete Beruhigungswiderstand nicht nur regelnd auf die zuge-
führte Energie, sondern vermindert auch die Neben-
geräusche.

Auch an eine praktische Anwendung des sprechenden Lichtbogens ist bereits gedacht worden, nämlich
zur Flammentelephonie oder drahtlosen Tele-

Fig. 5.

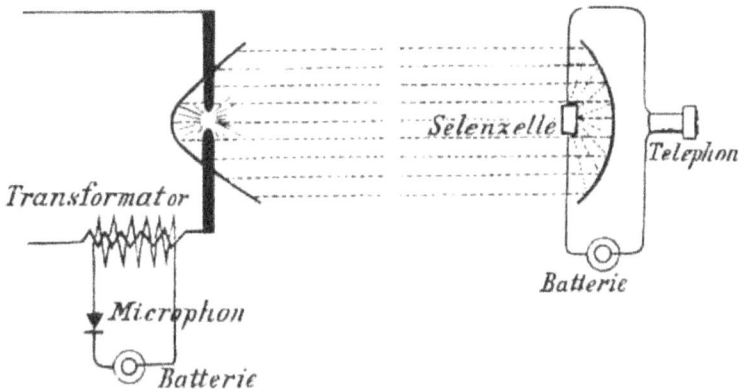

phonie, und zwar nach dem Vorbilde des Photo-
phons von Graham Bell (1880). Hierbei wurden parallel gemachte Lichtstrahlen auf eine spiegelnde
Membrane geworfen, welche den Abschluß eines
Sprachrohres bildete, in welches man sprach. Die
durch die schwingende Membrane beeinflußten Lichtstrahlen werden dann in die Empfangsstation gesandt,
wo sie von einer Selenzelle aufgefangen werden. Diese
hat die Eigenschaft, unter wechselnder Beleuchtung
ihren elektrischen Leitungswiderstand zu verändern
und setzt daher, in den Stromkreis einer Stromquelle
(z. B. galvanischen oder Akkumulatorenbatterie) ge-

schaltet, die Lichtschwankungen in elektrische Schwingungen um, die durch ein in denselben Stromkreis
geschaltetes Telephon zu Gehör gebracht werden
können. Mit einer derartigen Anordnung und den
damals zur Verfügung stehenden Selenzellen konnte
Bell seinerzeit die gesprochenen Worte auf ungefähr
250 m Entfernung übermitteln. Durch das Sprechen
gegen eine spiegelnde Membrane erhält die Wirksam-
keit natürlich eine Einschränkung, die in Wegfall
kommt, wenn dafür der sprechende Lichtbogen benützt wird. Auch sind seither die Selenzellen, hauptsächlich durch die Bemühungen Clausens und
von Bronks in Berlin, so weit vervollkommnet worden,
daß Simon bereits mit einer Selenzelle von 18.000 Ohm
im Dunkeln und 900 Ohm im zerstreuten Tageslichte
arbeiten konnte, während Bell nur eine solche von
1200, beziehungsweise 600 Ohm zur Verfügung hatte. Die
Widerstandsänderungen folgen den schnellsten Schwankungen der Bestrahlungsintensität, die ihrerseits wieder
durch die Änderungen der Lichtbogentemperatur hervorgerufen werden. In Fig. 5 ist eine Schaltung für
Flammentelephonie schematisch dargestellt. In der
Sendestation ist das Mikrophon mit seiner Batterie
mit der einen Bewicklung eines Transformators, der
Bogenlampenstromkreis mit der anderen Bewicklung
des Transformators verbunden. Der Scheinwerfer, mit
welchem die Bogenlampe ausgerüstet ist, sendet die
Lichtstrahlen in die Empfangsstation, wo sie durch
einen Hohlspiegel auf die Selenzelle konzentriert werden,
die samt dem Hörtelephon in den Stromkreis einer
Batterie geschaltet ist. Es ist nicht ausgeschlossen,
daß diese Art der Telephonie ohne Fernleitung auch
praktische Bedeutung erlangt, da sie z. B. auf Schiffen,
die ohnehin mit Scheinwerfern ausgerüstet sind, sich
in verhältnismäßig einfacher Weise und ohne Beein-
trächtigung der sonstigen Bestimmung der Scheinwerfer einrichten läßt. Endlich mag auch noch an-

gedeutet werden, daß es Ruhmer gelungen ist, die
Lichtintensitätsschwankungen photographisch aufzu-
zeichnen, worauf der so erhaltene Film unter Durch-
leuchtung durch eine Bogenlampe in schneller Bewegung vor einer Selenzelle vorbeigezogen wurde, die
wie gewöhnlich mit dem Hörtelephon in den Stromkreis einer Batterie geschaltet war. Diese Einrichtung
erhielt von Ruhmer den Namen Photographophon.

<hr />

IV.

Lichtteilung und Lampen-schaltung.

Wenn es sich um die Beleuchtung eines gegebenen Raumes handelt, genügt es in der Mehrzahl
der Fälle nicht, ein wenn auch noch so kräftiges
Licht aufzustellen, da dieses in seiner unmittelbaren
Umgebung zu grell, in weiterer Entfernung aber wegen
der im Quadrate mit der Entfernung abnehmenden
Lichtstärke zu schwach leuchten, den ganzen Raum also
höchst ungleichförmig erhellen würde. Hierzu käme
noch die Bildung sehr starker Schlagschatten. Bei
Anwendung mehrerer Lichter für jedes einzelne eine
eigene Lichtmaschine aufzustellen, würde aber außer
den Schwierigkeiten der Installation auch die Kosten
in einer Weise steigern, die an eine rationelle Anwendung des elektrischen Lichtes gar nicht denken
ließe. Man war daher schon frühzeitig bestrebt, eine
Lichtmaschine zur Speisung mehrerer Lampen zu
verwenden. Quirini (1855) und Deleul versuchten
zunächst mehrere Lampen hintereinander in den Strom-

kreis einer Maschine einzuschalten — aber ohne Erfolg. Wenn auch die Maschine hinreichende elektromotorische Kraft für die Erhaltung mehrerer Lichtbogen besaß, störten sich doch die Lampen untereinander derart, daß an eine solche Schaltung nicht zu denken war. Le Roux (1868) wollte die Teilung des Stromes erreichen, indem er in den Stromkreis ein sogenanntes Verteilungsrad einschaltete und dieses zu so raschem Umlaufe veranlaßte, daß die Unterbrechung des Stromes nie mehr als $1/_{25}$ Sekunde betrug, d. h. eine so kurze Spanne Zeit, daß hierbei der Lichtbogen nie ganz erlosch, weshalb auch das Auge den Eindruck eines konstanten Lichtes erhielt, trotzdem der Strom die einzelnen Lampen nur abwechselnd durchfloß. Ein ähnliches Teilungsverfahren, aber gleichfalls ohne praktischen Erfolg, wurde im Jahre 1873 von Le Roux erfunden.

De Changy versuchte (zirka 1858) die Lichtteilung für Platindraht-Glühlichter durch Stromverzweigung und mit Benützung von Elektromagneten, deren Ankerspiel die Stromstärke in den Lampen regelte, aber gleichfalls ohne praktischen Erfolg, da sich die Platindrähte als Glühkörper nicht brauchbar erwiesen. Der erste praktische Schritt gelang Paul Jablochkoff im Jahre 1876 durch die Erfindung der nach ihm benannten elektrischen Kerze, welche in großer Anzahl in einem Stromkreis geschaltet werden konnte und infolge dieses Umstandes der elektrischen Beleuchtung in kürzester Zeit große Verbreitung verschaffte. Leider brachte aber die Anwendung der elektrischen Kerze andere Übelstände verschiedener Art mit sich und nötigte daher dazu, die Lichtteilung doch unter Benützung von Regulatorlampen zu ermöglichen. In der Tat ist dies auch nach mannigfachen vergeblichen Versuchen endlich gelungen, so daß die Lichtteilung gegenwärtig nur mehr eine einfache Schaltungsaufgabe darstellt.

Man unterscheidet die Hintereinander-(Serien-) Schaltung und die Nebeneinander-(Parallel-)Schaltung der Lampen und benützt erstere vorwiegend für Bogen- lampen, letztere hauptsächlich für Glühlampen; immer- hin werden aber auch Bogenlampen nebeneinander und Glühlampen hintereinander geschaltet. Die einfachste Art der Stromverzweigung ist die, daß der Strom an einer Stelle a (Fig. 6) sich in zwei oder mehrere Teile S_1 S_4 teilt, die sich an einem zweiten Punkte b wieder zu einem Strome vereinigen. Die Stromstärken in den Zweigen S_1 und S_4 werden sich hierbei umgekehrt ver-

Fig. 6.

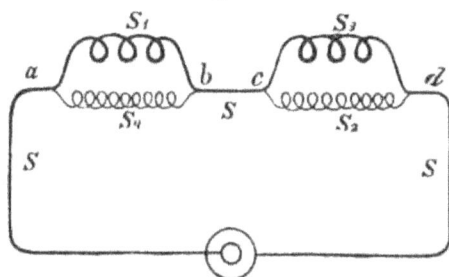

halten wie die Widerstände dieser Zweige und die Summe der Stromstärken in beiden Zweigen wird gleich sein der Stromstärke im ungeteilten Leiter S. Dasselbe gilt auch für eine zweite Verzweigung bei c und Wieder- vereinigung bei d für die Ströme in S_3 und S_2. Schaltet man in diesen Stromkreis Lampen derart ein, daß ihre Kohlen in S_1, respektive S_3 kommen, ihr Regulierungs- mechanismus aber von S_2, beziehungsweise S_4 in Be- wegung gesetzt wird, so ist hiermit die Lichtteilung durch Stromverzweigung gelöst, denn jetzt arbeitet das System folgendermaßen: Der Strom teilt sich bei a in zwei Teile, deren weitaus größerer durch S_1 geht, weil hier, so lange sich die beiden Kohlen berühren, der Widerstand ein geringer ist, in S_4 aber eine Draht-

spirale von hohem Widerstande sich befindet. Nun
gehen aber die Kohlen auseinander und es bildet sich
der Lichtbogen; dadurch wird der Widerstand in S_1
vergrößert und erreicht durch das fortgesetzte Abbrennen der Kohlen endlich eine Höhe, die jene in
der Spirale des Regulierungsmechanismus überragt. Es
wird daher jetzt in S_4 der stärkere, in S_1 der schwächere
Stromanteil durchfließen und ersterer Umstand be-

A   Fig. 7.   B

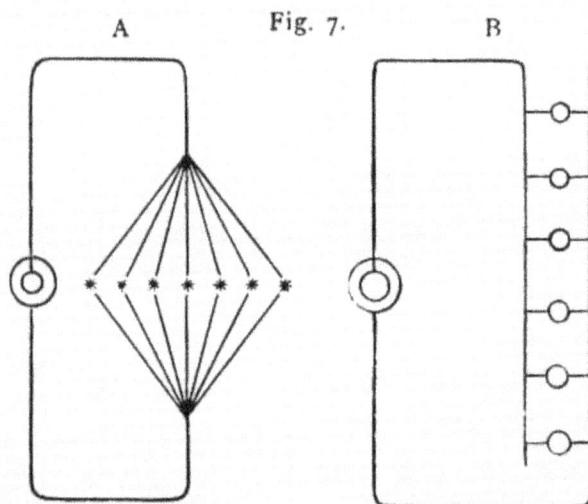

wirken, daß der Regulierungsmechanismus in Tätigkeit
kommt, d. h. es werden die Kohlen wieder einander
genähert werden. Wie aus dieser Betrachtung ersichtlich, erfolgt die Regulierung der Lampe innerhalb der
Punkte a und b und die Stromstärken wechseln auch
nur in den Zweigen zwischen diesen Punkten. Die
Stromstärke in der ungeteilten Leitung bleibt aber unverändert; wenn deshalb zwischen c und d eine zweite
Lampe eingeschaltet wird, ist dieselbe von den Regu-
lierungen und damit verbundenen Stromschwankungen
in der ersten Lampe unabhängig.

Die Nebeneinander-(oder Parallel-)Schaltung
(Fig. 7 *A* und *B*) unterscheidet sich von der Hintereinanderschaltung wesentlich dadurch, daß bei letzterer
der Strom die verschiedenen Zweige zeitlich nacheinander durchläuft, während bei der Parallelschaltung
die einzelnen Zweige gleichzeitig passiert werden.
Der Widerstand des glühenden und leuchtenden Kohlenfadens tritt hier an die Stelle des Widerstandes im
Lichtbogen.

Die Stromverzweigung sowohl in Form der Hintereinanderschaltung als auch in Form der Parallelschaltung
ist immer mit Arbeitsverlust verbunden. Die Summe
der Normalkerzen, welche eine gegebene Maschine
mit Teilungslichtern erzeugen kann, ist immer kleiner
als die Zahl der Normalkerzen des mit derselben Maschine erzeugten Einzellichtes. Ein einfaches Beispiel
möge dies erläutern. Gesetzt, die Stärke eines Stromes
sei *S*, wenn derselbe ein Einzellicht zu speisen hat
und dieses den Gesamtwiderstand *w* leistet; da die in
der Lampe durch den Strom erzeugte Wärme nach
Joule $w\,S^2$ ist und annäherungsweise als Maß der
Lichtstärke einer Lampe gelten kann, so ist die letztere
proportional $w\,S^2$ zu setzen. Werden aber in denselben
Stromkreis *n* Lampen geschaltet, welche einzeln den
Gesamtwiderstand *w* leisten, so ist nach dem Ohm-
schen Gesetze die Stromstärke nur noch $= \dfrac{S}{n}$, die in
einer einzelnen Lampe gebildete Wärme also $=$
$w\left(\dfrac{S}{n}\right)^2$ und die in den *n* Lampen erzeugte Wärme $=$
$n\,.\,w\,.\left(\dfrac{S}{n}\right)^2 = w\,.\,S^2\,.\,\dfrac{1}{n}$. Diese Größe stellt dem
Obigen gemäß die Stärke des geteilten Lichtes dar und
zeigt also, daß die letztere nur den *n*-ten Teil der Stärke
des Einzellichtes im vorliegenden Falle beträgt. Soll
die Stärke des geteilten Lichtes gleich der des Einzel-

lichtes werden, so muß man den ursprünglich gegebenen
Strom (S) verstärken; bezeichnen wir etwa mit x die
hierzu erforderliche höhere Stromstärke, so muß

$$w\,x^2 \cdot \frac{1}{n} = S^2, \text{ also } x = S\sqrt{n}$$

sein; 4, 9, 16 .... Lampen müssen daher durch einen
2, 3, 4 ... mal stärkeren Strom gespeist werden, wenn
sie zusammen die Lichtstärke des Einzellichtes erreichen sollen.

Wie aus Fig. 6 für die Hintereinanderschaltung
ersichtlich, erfolgt hierbei die Regulierung einer Bogenlampe zwischen a und b unabhängig von jener einer
Bogenlampe zwischen c und d. Die erste Bogenlampe
unter Anwendung dieses Prinzipes ist zwar schon von
Lacassagne und Thiers (1856—1859) gebaut und
öffentlich vorgeführt, aber weder für Teilungslicht bestimmt noch benützt worden. Das Verdienst, das
Problem der Lichtteilung oder der Bogenlampen-
schaltung zuerst gelöst zu haben, gebührt daher
Tschikoleff durch die Erfindung seiner weiter unten
zu beschreibenden Regulatorlampe. Tschikoleffs
Lampe stand bereits im Jahre 1877 in Verwendung.
Siemens zeigte auf der Wiener Weltausstellung im
Jahre 1873 eine Lampe mit Nebenschluß und ihm
gelang es auch zuerst, Lampen für Teilungslicht, nämlich
die durch v. Hefner-Alteneck konstruierten Diffe-
rentiallampen, in ausgedehntem Maße zur praktischen
Verwendung zu bringen; das diesbezügliche Patent
wurde im Jahre 1879 genommen. Die Beschreibung
dieser und nachher erfundener Lampen wird einen
nachfolgenden Abschnitt bilden.

Die oben angegebene Stromführung und Verzweigung ist die gegenwärtig fast bei allen Teilungslichtern mit Bogenlicht in Gebrauch stehende. Bei
Glühlichtern bedient man sich jedoch vorwiegend der
Parallelschaltung. Diese Schaltungsweise unterscheidet

sich, wie bereits erwähnt, von der Hintereinanderschaltung im wesentlichen dadurch, daß bei letzterer
der Strom die verschiedenen Lampen stets zeitlich
nacheinander durchläuft, während bei der Parallelschaltung sämtliche Zweige, beziehungsweise Lampen
gleichzeitig passiert werden. Mit der Herstellung der
ersten praktisch verwendbaren Glühlampen war die
Aufgabe der Lichtteilung auch für die Parallelschaltung
gelöst.

V.

Glühlampen.

1. Geschichtliche Entwicklung der Glühlampen.

Die Versuche, Glühlampen herzustellen, die sich
zum praktischen Gebrauche eignen, sind schon vor
geraumer Zeit begonnen worden.[*])

Die erste Erwähnung, einen durch den galvanischen
Strom zum Glühen erhitzten Leiter im Vakuum zur
Beleuchtung zu verwenden, scheint im *Courier Belge*
im Jahre 1836 zu finden zu sein, welche von *Lomjet*
in den *Comptes Rendus* 1846 angeführt wird:

> *Nous voulons parler de l'incandescense de charbon
> produite dans le vide au moyen d'une pile voltaique.*

Jobart in Brüssel machte kurze Zeit darauf, im
Jahre 1838, den Vorschlag, eine kleine Kohle in einem

---

*) La lumière électrique. VI (1882), S. 530. Elektrotech. Zeitschr. III (1882),
S. 842. Elektrotechn. Rundschau. I (1884), S. 161, II (1885), S. 7. H. Fontaine,
Die elektrische Beleuchtung. Deutsch von F. Ross. II. Aufl. (1880), S. 211—253.
Schellen, Dr. H.: Die magnet- und dynamo-elektrischen Maschinen. II. Aufl.
(1882), S. 472 ff. Alglave et Boulard: La lumière électrique (1882), p. 168 ff.
Le comte Th. du Moncel: L'éclairage électrique. II. Aufl. (1883), t. II p. 39, 204.

luftleeren Gefäße als Leiter für den elektrischen Strom
zu benützen und diese Vorrichtung dann als Lampe
zu gebrauchen. Im Jahre 1841 ließ sich F. Moleyns
in Cheltenham ein Patent auf eine Lampe geben,
welche darauf beruhte, daß auf eine glühende Platinspirale feines Kohlenpulver fiel. Jobarts Schüler de
Changy nahm die Idee seines Lehrers im Jahre 1844
wieder auf und konstruierte eine Lampe mit einem
Stäbchen von Retortenkohle; Starr (Patent King) benützte 1845 ebenfalls ein glühendes Kohlenstäbchen
im Vakuum, Greener und Staite konstruierten 1846
eine der Kingschen ähnliche Lampe, Petrie schlug
1849 vor, an Stelle des Platins Iridium anzuwenden,
und 1858 nahm Changy sein erstes Patent auf eine
Glühlampe mit Platindraht und die Teilung des elektrischen Lichtes in der auf Seite 52 dieses Buches
angedeuteten Art. Du Moncel erhielt bei seinen Versuchen mit dem Rhumkorffschen Induktionsapparat
1859 die schönsten Glüheffekte mit Kohlenstückchen
aus Kork, Schafleder u. s. w. 1873 wandte Lodyguine
Kohlenstäbe in luftdicht geschlossenen Gefäßen an
und gab ersteren an der Stelle, wo sie glühen sollten,
einen verringerten Querschnitt. Im Jahre 1875 folgte
die Lampe von Konn; auch dieser bediente sich der
Kohlenstäbe im Vakuum, konnte aber keine praktisch
verwertbare Lampe erhalten. Ebenso erging es im
Jahre 1876 dem russischen Offizier Bouliguine. Im
Jahre 1845, als Staite seine Vorlesung im Sunderland
Athenäum hielt, befand sich unter seinen Zuhörern
auch Swan, dessen Aufmerksamkeit hier zum ersten
Male auf das elektrische Licht gelenkt wurde. Er fing
auch bald darauf an, selbst Versuche anzustellen, indem
er sich dabei an den im Patente King aufgestellten
Satz hielt, daß die Glühkohle so dünn wie möglich
sein müsse. Diese Versuche wurden jedoch abgebrochen,
bevor sie zu einem praktisch verwertbaren Ergebnisse
geführt hatten, und erst im Jahre 1877 neuerdings auf-

genommen, nachdem inzwischen die dynamo-elektrischen Maschinen einerseits und die Quecksilber-Luftpumpen anderseits wesentlich vervollkommnet waren. Swan setzte in den folgenden Jahren, gemeinschaftlich mit Stearn, seine Versuche fort und erhielt im Jahre 1880 (2. Jänner) das Patent auf seine Glühlampe. Dieselbe wurde übrigens schon im Dezember 1878 bei einer Versammlung der *Newcastle on Tyne Chemical-Society* ausgestellt und in einer Sitzung im März 1879 besprochen,*) nachdem sie im Februar und März desselben Jahres in Tätigkeit vorgeführt worden war. Diese Lampe bestand bereits aus einem Kohlenfaden in Form einer einfachen Schleife, welche in einem möglichst luftleer gemachten Glasgefäße eingeschlossen war.

Sawyer und Man (Patent vom November 1878) suchten die Kohle von absorbierten Gasen und namentlich von Sauerstoff zu reinigen, indem sie dieselbe durch den elektrischen Strom zum Glühen erhitzten und dann in Stickstoff wieder erkalten ließen. Sie bedienten sich der Weidenholzfasern zur Herstellung der Kohlen und machten diese an und für sich leicht zerbrechliche Kohle dadurch stahlhart, daß sie dieselbe durch den elektrischen Strom in Kohlenwasserstoffgasen glühten, wobei sich Kohlenteilchen von metallglänzendem Aussehen auf die Weidenkohle niederschlugen und dadurch in der angegebenen Weise veränderten; hier ist also bereits das Karbonisieren des Kohlenfadens durchgeführt. Lane Fox erhielt das Patent auf seine Glüh-lampe im November 1878. Edison endlich hat im Jahre 1878 seine Glühlampe mit Platindraht angefertigt und im Dezember 1879 ein Patent auf eine Glühlampe mit Papierkohle genommen. Praktisch verwertbar war jedoch keine der beiden Lampen. Das Patent auf die nachher vielfach in Gebrauch gekommene Glühlampe mit Bambusrohr-Kohle ist vom 16. Dezember 1880 datiert.

---

*) Chemical News, 18. April 1879 und 27. Juni 1879.

Praktisch verwertbare Glühlampen, welche bereits alle Merkmale der gegenwärtig in Gebrauch stehenden aufweisen, sind jedoch schon viel früher von einem unbeachtet gebliebenen Erfinder hergestellt und öffentlich vorgezeigt worden. Dieser Erfinder, welcher seine Ansprüche auf die Erfindung der modernen Glühlampe nie geltend gemacht hat und dessen Beziehungen sich anfänglich nur auf seine unbedeutende Nachbarschaft erstreckt hatten, ist Heinrich Goebel. Wie im ›Electrical Engineer‹ (vom Jahre 1893) berichtet wird, konnte man vor mehr als 30 Jahren an sternhellen Abenden in den Straßen New Yorks einen Mann sehen, der die Vorübergehenden aufforderte, gegen ein geringes Entgelt die Wunder des gestirnten Himmels durch sein Fernrohr zu besichtigen. Um die Aufmerksamkeit im erhöhten Maße auf sich zu ziehen, ließ er von Zeit zu Zeit zwei oder drei Lampen in brillantem Lichte erstrahlen, welche von einer galvanischen Batterie gespeist wurden. Heinrich Goebel, denn dies war unser Astronom, wurde am 20. April 1818 in Springe bei Hannover geboren, erhielt eine gute Schulbildung und kam dann in seiner Vaterstadt zu einem Uhrmacher und Optiker in die Lehre. Als er im Jahre 1846 von dem durch Starr im Vakuum erzeugten Glühlichte Kenntnis erhielt, machte er selbst diesbezügliche Versuche, erzielte aber keinen nennenswerten Erfolg. Im Jahre 1848 ging Goebel nach Amerika und gründete in New York ein kleines Geschäft als Optiker und Mechaniker. Ungefähr vier Jahre später baute er sich eine galvanische Batterie von 80 Zink-Kohle-Elementen und erzeugte mit dieser an einem dunklen Abende ein Bogenlicht vor seinem Hause. Dies brachte jedoch seine Nachbarschaft in eine derartige Aufregung, daß die Feuerwehr alarmiert und er selbst arretiert wurde. Dieses nicht sehr erbauliche Mißverständnis mag Goebel veranlaßt haben, seine Aufmerksamkeit der Konstruktion von Glühlampen zuzuwenden. Nachdem er zuerst Holzkohle versucht hatte, benützte er hierauf Bambusfaser und erzielte bereits im Jahre 1855 den Erfolg, eine Anzahl luftleer gemachter Lampen für kurze Zeit durch eine Batterie von 30 Zink-Kohle-Elementen in hellem, schönem Lichte erglänzen zu sehen. Die teilweise aus Kupfer- und teilweise aus Platindraht hergestellten Stromzuführungen gingen in kleine Spiralen aus, in welchen der Kohlenfaden durch einen kohlenhaltigen Zement oder auch durch elektrolytisch niedergeschlagenes Kupfer befestigt wurde. Der Kohlenfaden selbst zeigte eine hohe Elastizität und einen großen Widerstand. In einigen noch erhaltenen Exemplaren dieser Lampen beweist der Kohlenbeschlag an der inneren Glaswand, daß die Lampen längere Zeit bei hoher Weißglut gebrannt haben müssen. Eine im Jahre 1881 zur Ausbeutung der Edisonschen Erfindung gegründete Gesellschaft vermochte keine brauchbaren Lampen herzustellen, bis sie von Goebels Arbeiten hörte und bei ihm nicht nur einen großen Vorrat brauchbarer Glühlampen fand, sondern in ihm selbst einen vollständig erfahrenen Erzeuger solcher Lampen erkannte. Goebel wurde sofort für die Gesellschaft gewonnen und letztere erzeugte von dieser Zeit an ganz ungewöhnlich gute Lampen. Finanzieller Schwierigkeiten wegen mußte jedoch die Gesellschaft bald ihren Betrieb einstellen.

Die Edisonlampe. Kann nach Vorstehendem Edison auch nicht den Ruhm für sich beanspruchen, der Erfinder der Glühlampen überhaupt zu sein, so bleibt ihm diesbezüglich doch das unbestreitbare Verdienst, das erste, bis in die kleinsten Einzelheiten durchgebildete und daher auch praktisch im großen Umfange verwendbare elektrische Beleuchtungssystem geschaffen zu haben. Als Rohmaterial für den Kohlenfaden wählte Edison die Bambusfaser. Durch Maschinen wird das Bambus entschält, in Fasern geteilt und diesen die entsprechende

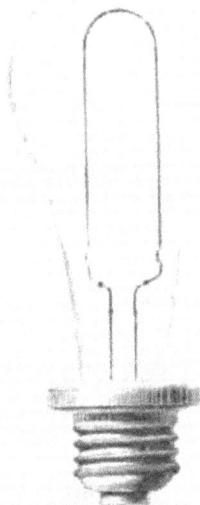

Form mit einer bewunderungswürdigen Regelmäßigkeit
gegeben. Sie sind etwa $1\,mm$ breit, $12\,cm$ lang und
werden in der Gestalt eines U gebracht. Dann werden
diese Bambusbögen in Eisenformen von entsprechender
Gestalt sorgfältig eingeschlossen und zu Tausenden
in einen Ofen eingesetzt; die Verkohlung ist rasch
beendet und wenn man die Formen, nachdem sie
erkaltet sind, öffnet, findet man an
Fig. 8.   Stelle der Bambusfasern einen Faden
vegetabilischer Kohle von hin-
reichender Feinheit, Härte und
Festigkeit. Der Kohlenfaden wird
hierauf an Platindrähten befestigt,
worauf man diese sorgfältig in ein
Glasgefäß von der Form einer Birne
einschmilzt (Fig. 8). Während des
Luftauspumpens aus den Glasgefäßen
wird durch die Kohlenfäden ein
elektrischer Strom gesandt, der den
Zweck hat, durch Erhitzen der
Kohlen die von diesen absorbierten
Gase auszutreiben, was zur Festigkeit
der Kohlenfäden unbedingt erforderlich ist.

Damit zu hohe Temperaturen
die mit den Platindrähten durch
galvanische Verkupferung verbundenen Kohlenfasern an den Verbindungsstellen nicht abschmelzen, werden die Fasern
an ihren Enden in solchem Maße verstärkt, daß der Widerstand für den Strom daselbst nur gering ist. Die freien
Enden der Platindrähte werden mit Kupfer- oder Messing-
blechen verbunden, welche, durch Gipsfüllung voneinander isoliert, am Ende des Lampenhalses befestigt sind.
Das eine dieser Bleche, am Umfange des Lampenhalses, bildet Schraubengänge, welche in die Schraubenmutter der Lampenfassung passen, und das andere ist

ein rundes Blättchen am Ende des Lampenhalses, welches bei eingeschraubter Lampe in der Fassung mit einer Stromzuführung Kontakt macht, während der zweite Leitungsanschluß über die Schraubenmutter und die Gewinde des Lampensockels erfolgt. Die Lampenfassung erhält auf ihrer von der Glühlampe abgewandten Seite ein Gasgewinde, um das Auf-schrauben auf Wandarme, Kronleuchter u. dgl. zu er-möglichen. Für ein bequemes Entzünden und Ab-löschen der Lampe erhält die Fassung auch häufig

Fig. 9.

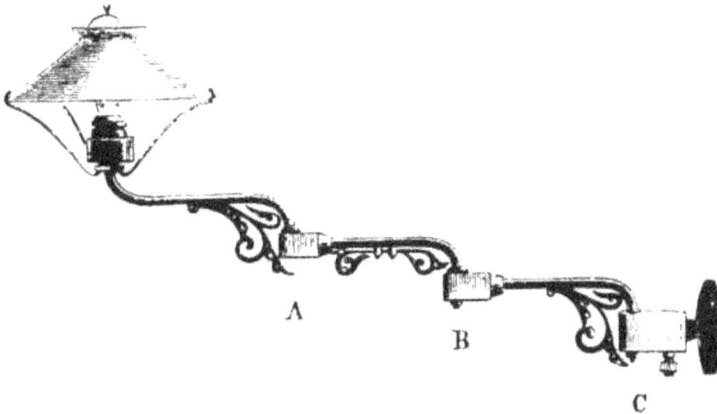

A

B

C

einen sogenannten Hahn, d. h. einen einfachen Aus-schalter. Soll die Lampe auf einem Wandarme mit Gelenken A, B, C (Fig. 9), befestigt werden, so ist für die Stromüberführung an den Gelenken besonders vor-zusorgen. In solchen Gelenken (Fig. 10) dringen die Leitungsdrähte auf der rechten Seite in die Kammer ein und sind an zwei voneinander isolierten Metall-stücken befestigt; diese schleifen auf zwei Metall-scheiben, die gleichfalls voneinander isoliert, am ver-tikalen Teile des Knierohres aufgesetzt sind und sich mit diesem drehen. Jede der Scheiben des Zylinders

ist mit einem Leitungsdrahte verbunden, der dann in
der Röhre fortlauft. Bei C befindet sich überdies noch
ein Hahn.

Werden zwei oder mehrere Glühlampen nicht
nebeneinander, sondern hintereinander geschaltet, so
hat das z. B. durch Brechen des Kohlenfadens bewirkte Erlöschen einer Lampe auch jenes aller übrigen
Lampen desselben Stromkreises zur Folge. Um dies
zu verhindern, wendet man für solche Lampen selbst-
tätige Kurzschlüsse an. Edison verfährt hierbei in
folgender Weise: Während des regelmäßigen Betriebes
der Lampe fließt der Strom von e (Fig. 11) über $c\,a\,f$

Fig. 10

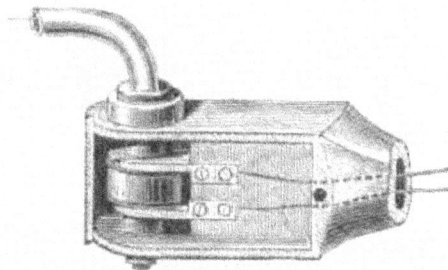

in den Kohlenbügel und dann, aus diesem kommend,
über $f\,b\,d\,e'$ weiter. Bricht jedoch der Kohlenfaden, so
geht durch den schwachen Sicherheitsdraht i ein so
kräftiger Strom, daß er abschmilzt; dieser Hilfsdraht
ist nämlich bei m mit f verbunden. Sobald aber i ab-
geschmolzen ist, dehnt sich die Spiralfeder l aus und
bringt dadurch den Stiften k zur Berührung mit d.
Der Strom geht daher im kurzen Wege ($e\,c\,a\,m\,k\,d\,e'$)
durch die Lampenfassung zur nächsten Lampe weiter.

    Edison ging noch weiter; er konstruierte auch
einen Regulator in der Lampe selbst, welcher erlaubt,
die Lichtstärke ganz nach Belieben herzustellen.
Fig. 12 A zeigt eine tragbare Lampe und Fig. 12 B

den Regulator. Dieser ist eine Art Kohlenwiderstand, zusammengesetzt aus Kohlenstiften von verschiedenem Durchmesser, also, da die Länge und die Substanz dieselbe ist, von verschiedenem Widerstande. Durch Einschalten des einen oder des anderen Stiftes in den Stromkreis erhält man die gewünschte Helligkeit. Um zu große Erwärmung zu verhindern, ist der Zylinder, welcher den Apparat einschließt, mit Öffnungen für den Luftwechsel versehen. Die Regulierung wird durch Drehen einer Scheibe (unterhalb der Fig. 12 B getrennt gezeichnet) bewirkt, wodurch die Verbindung mit dem einen oder anderen Kohlenstabe hergestellt wird. Ein Zeiger an der Scheibe und eine Einteilung am unteren Rande des Zylinders zeigen den Grad der Helligkeit der Lampe für die Einschaltung jedes Kohlenstabes an.

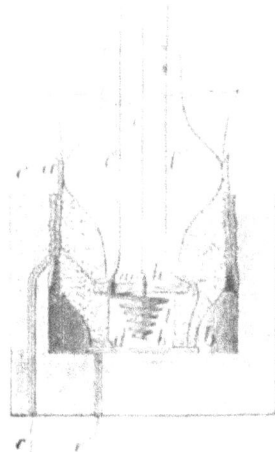

Fig. 11.

Um endlich noch zu zeigen, wie leicht die Glühlampe jedem beliebigen Beleuchtungskörper eingefügt werden kann, sind in den Figuren 13 bis 17 einige gebräuchliche Formen abgebildet.

2. Gebräuchliche Glühlampen.

Die Form der Glühlampen ist einerseits durch den Gebrauch, welcher von ihnen gemacht werden soll, und anderseits durch die Gestalt des Glühkörpers oder Kohlenfadens bestimmt. Abgesehen von Lampen, welche auch dekorativen Anforderungen zu entsprechen haben oder besonderen Zwecken dienen müssen, gibt man den für die gewöhnliche Beleuchtung zu verwen-

denden Lampen zumeist eine mehr oder weniger birn-
förmige Gestalt, wie in Fig. 8, S. 62, Fig. 18 oder 19 ; doch
finden auch kugelförmige Glasgefäße, Fig. 20, und
zylindrische Lampenformen, Fig. 21, häufige Anwendung. Von den angeführten abweichende Größen

Fig. 12.

A   B

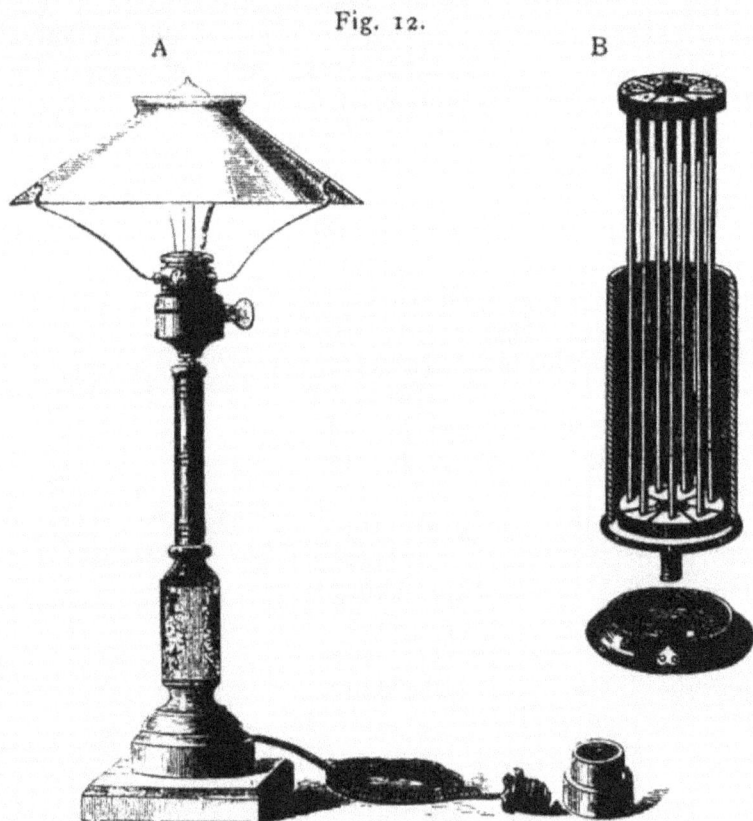

und zumeist auch Formen zeigen Glühlampen, die zu
besonderen Zwecken dienen, als zur Moment- und
Effektbeleuchtung, für ärztliche und wissenschaftliche
Zwecke u. s. w. Sie sind für geringe Lichtstärken bei
niedrigen Stromspannungen bestimmt und werden in

vielen Fällen zweckmäßig durch Akkumulatoren oder auch Primärelemente, häufig Trockenelemente, betrieben.

Einige dieser Formen, wie sie z. B. Siemens & Halske erzeugen, sind in Fig. 22 in natürlicher Größe abgebildet. *A* stellt eine zur reihenweisen Hintereinanderschaltung bestimmte runde Kettenlampe dar, deren Kohlenfaden seitliche Stromzuführung besitzt, die durch aufgekittete Messingkappen mit starken Ösen vermittelt wird. *B* ist eine flache, runde Lampe, für Effektbeleuchtung bestimmt und mit einer Doppelleitung versehen, die innerhalb der auf der Lampe aufgekitteten Hülse mit den beiden Kontakten für die seitliche Stromzuführung verlötet ist; *C* ist eine demselben Zwecke dienende Kugellampe mit Mignongewinde. *D* und *E* sind namentlich für ärztliche Zwecke dienende Ausleuchtlampen mit vollkommen abgerundeter Oberfläche, mit starken Platindrähten zur Stromzuführung; gleichfalls für ärztliche Zwecke, zur Untersuchung

Fig. 13.

des Auges, dient die ringförmige Augenlampe *F*, deren Stromzuführung durch Ösen aus Platindraht vermittelt wird. Endlich abermals zur Effektbeleuchtung dient die Knopflampe *G* mit seitlicher Stromzuführung und Mignongewinde, welche auf der Rückseite wohl auch einen reflektierenden Überzug aus Milchglas erhält. Selbstverständlich sind hiermit die Formen derartiger Lampen nicht erschöpft und werden solche nicht bloß aus weißem Glase erzeugt, sondern auch in beliebigen Farben, mit teilweisem Spiegelbelag u. s. w.

Die Größe und Form des Kohlenfadens muß bei der Wahl des Glasgefäßes insoweit berücksichtigt werden, daß zwischen dem Kohlenfaden und der inneren

Glaswand an jeder Stelle ein hinreichend großer
Zwischenraum bleibt, weil im gegenteiligen Falle an
der betreffenden Stelle eine zu starke Erhitzung des
Glases durch den Glühfaden eintreten würde, welche
zur Zerstörung der Lampe führen kann. Bei Bemessung
dieses Zwischenraumes muß namentlich bei langen Kohlenfäden darauf Rücksicht genommen werden, daß sich
der Glühfaden mit der Zeit neigt, wenn die Lampen

Fig. 14.

nicht lotrecht abwärts hängend angebracht sind. Lange
Kohlenfäden werden deshalb auch verankert, wie dies
z. B. Fig. 21 zeigt, d. h. man stützt sie an entsprechender
Stelle durch einen in die Glaswand eingeschmolzenen
Platindraht, der den an seinem freien Ende zu einer
Öse gebogenen Kohlenfaden mit dieser umschließt.

Die Abmessungen des Kohlenfadens richten sich
nach der verlangten Leuchtkraft und werden für bestimmte Betriebsspannungen und Energieverbrauch er-
mittelt. Die Form des Kohlenfadens ist zum Teile durch
seine Länge beeinflußt, indem man verschieden lange
Kohlenfäden verwenden will, ohne deshalb Form und
Größe der Glasbirne ganz von der Länge des Kohlen-

fadens abhängig zu machen. Das Bestreben, längere
Kohlenfäden in Anwendung zu bringen, ohne deshalb
die Glasbirne verlängern zu müssen, veranlaßte zunächst an Stelle des einfachen hufeisenförmigen Bügels,
Fig. 8 und 21, eine ungefähr kreisrunde Schlinge wie

Fig. 15.

in Fig. 19 und 20 zu setzen und hierauf diese durch
Verlängerung in eine ovale Schleife, Fig. 23a um-
zuformen; weitere Verlängerungen des Kohlenfadens
wurden durch Vermehrung der Schlingen oder Schleifen
(Fig. 18 und Fig. 23 b e) oder durch Hintereinander-

schaltung zweier Kohlenfäden in einer und derselben
Lampe (Fig. 23 c d) erreicht. Der Grund, warum man

langen vor kurzen Fäden den Vorzug gibt, liegt im allgemeinen in der
Beschaffenheit des Fadens. Die
Kohlenfäden der gebräuchlichen
Glühlampen bestehen nämlich aus
zweierlei Kohlen, und zwar aus
der Grundkohle, welche gewissermaßen das Geripppe des Fadens bildet
und in ihrer Beschaffenheit ähnlich
einer sehr dichten Holzkohle ist und
aus einem Überzuge von auf elektrischem Wege auf diesem Gerippe
niedergeschlagener Kohle, welche
ein graphitartiges Aussehen hat und
dem Kohlenfaden sein metallisch-
graues Aussehen verleiht. Der
Leitungswiderstand der Grundkohle
ist gewöhnlich 5—6mal größer als
jener der Graphitkohle, doch ist es
bisher nicht gelungen, Kohlenfäden
ganz aus Graphitkohle herzustellen.
Letztere bietet vermöge ihrer Ober-
flächenbeschaffenheit günstigere
Verhältnisse für die Lichtausstrahlung*) als die Grundkohle, da
letztere mehr Wärme ausstrahlt und
daher eines größeren Energieauf-
wandes zur Erhaltung der Glühhitze
bedarf als die Graphitkohle. Auch
in mechanischer Beziehung ist die
Graphitkohle besser als die Grundkohle, da sie den Faden steifer
und daher widerstandsfähiger gegen mechanische Erschütterungen
macht; auch wirkt dieser Umstand
dem Herabsinken des Kohlenfadens

*) Vgl. S. 14.

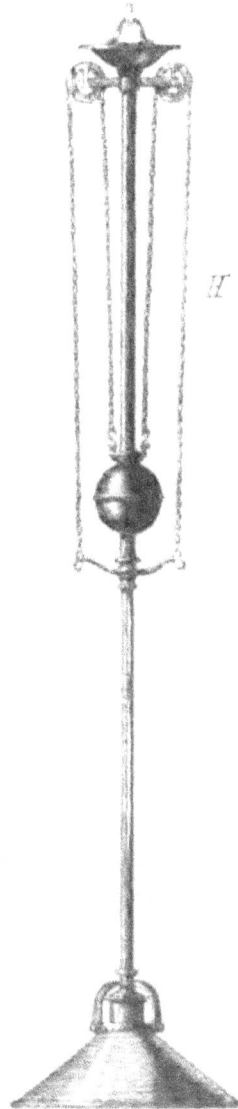

Fig. 17.

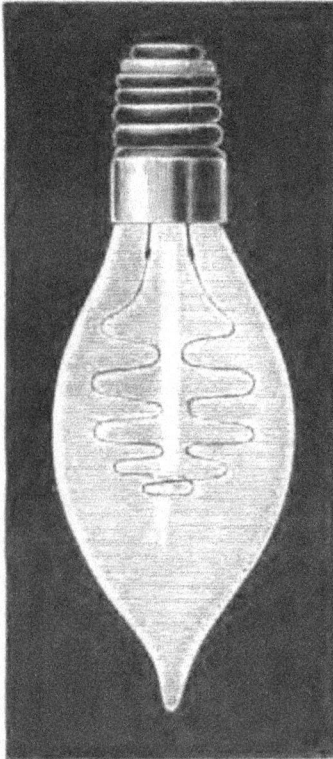

in wagrecht befestigten Lampen besser entgegen
als die weniger feste Grundkohle. Endlich setzt
letztere auch der Zerstörung durch die Glühhitze
einen geringeren Widerstand entgegen als die Graphitkohle. Je geringer daher die Menge der Grundkohle
im Vergleiche zur Menge der
Graphitkohle ist, desto besser
ist der Kohlenfaden. Da nun
aber die Graphitkohle be-
deutend besser leitend ist,
so muß, um den erforder-
lichen Widerstand zu er-
halten, der Kohlenfaden um
so länger gemacht werden,
je mehr Graphitkohle auf den
Fadenquerschnitt entfällt.

Fig. 18.

Lange Kohlenfäden sind
nicht zu umgehen, wenn die
Lampen nicht für die ge-
wöhnliche Betriebsspannung
von 100—120 Volt, sondern
für 200—240 Volt bestimmt
sind. Da für die letzterwähnte
Spannung die Kohlenfäden
bei halbem Querschnitte die
doppelte Länge erhalten
müssen, so bietet die Herstellung der Fäden gewisse
Schwierigkeiten. Es kann,
um den Leitungswiderstand
nicht zu sehr zu verringern,
nur wenig oder gar keine
Graphitkohle auf der Grundkohle niedergeschlagen
werden, was die Lebensdauer und auch die Wirtschaftlichkeit der Lampe ungünstig beeinflußt. Bei
Lampen mit ovalem, verankertem Faden wird der ursprüngliche Widerstand des Kohlenfadens durch die

Graphitierung auf ungefähr ein Drittel und bei dem
Doppelfadentypus auf weniger als ein Viertel herabgedrückt, wobei dann der Graphitüberzug ungefähr
ein Zehntel vom Durchmesser des fertigen Fadens aus-
macht. Lampen mit hoher Spannung lassen sich praktisch nicht für geringe Lichtstärken herstellen. Man hat
zwar solche auch bis zu sechs Kerzen herab erzeugt,
aber diese weisen dann einen Energieverbrauch von
4—4·5 Watt für die Kerze auf. Lampen für 18 bis
25 Kerzen haben übrigens
immerhin auch noch einen
Energieverbrauch von 3·8 bis
4 Watt für die Kerze. Die
Hochspannungsglühlampen
geben auch wegen der zu-
meist mehrfachen Krümmun-
gen der Kohlenfäden leicht
zu Kurzschlüssen in sich
selbst Veranlassung und sind
wegen der langen, dünnen,
wenig graphitierten Fäden
auch in mechanischer Beziehung weniger dauerhaft als
die gewöhnlichen Glühlam-
pen. Unvorteilhaft und mit
Mehrkosten verbunden ist
ferner die Verankerung des

Fig. 19.

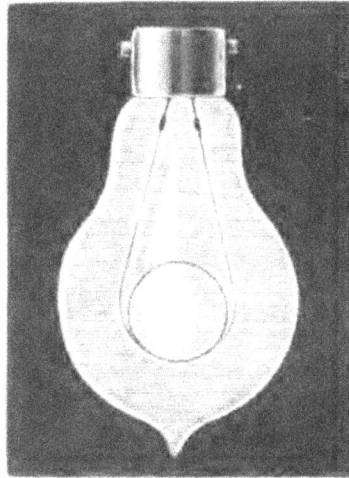

Kohlenfadens und endlich müssen auch noch die größere
physiologische Gefahr und die Notwendigkeit einer
besseren und daher kostspieligeren Isolierung als Nachteile der Glühlampen für hohe Spannung genannt
werden. Diesen Nachteilen stehen aber immerhin auch
sehr erhebliche Vorteile gegenüber, von welchen in
erster Linie eine sehr bedeutende Verbilligung der
Leitungsanlage anzuführen ist, welche bei einer Betriebsspannung von 220 Volt statt 110 Volt etwa 10 bis
20% ausmachen kann. Durch die höhere Betriebs-

spannung ist die Beherrschung eines größeren Ver-
sorgungsgebietes möglich und für die Platzwahl bei
Errichtung des Elektrizitätswerkes eine größere Freiheit
geschaffen; endlich können, was häufig in Betracht
kommt, dieselben Maschinen für die Beleuchtung und
für den Betrieb elektrischer
Bahnen Verwendung finden.

Fig. 20.

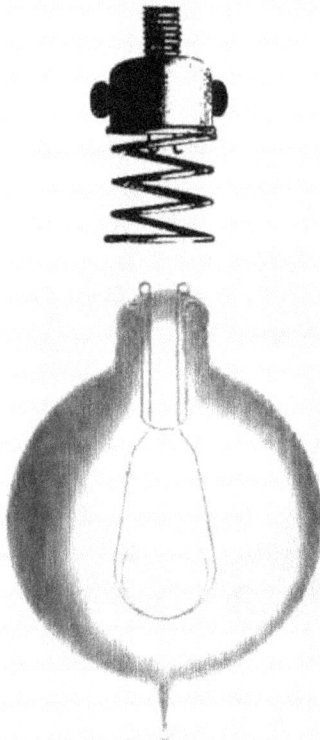

Im Gegensatze zu den
Lampen für hohe Spannung
kommen auch solche für besonders niedrige Spannung
häufig zur Verwendung, und
zwar hauptsächlich für
geringe Leuchtstärken von
2—5 Kerzen, wie solche
z. B. für Luster mit kerzen-
förmigen Lampen, für Illu-
minations- und Dekorations-
zwecke, als Nachtlichter,
Taschenlampen u. s. w. ge-
braucht werden. Da die Herstellung hiefür geeigneter
Kohlenfäden für 100 Volt
große Schwierigkeiten be-
reiten würde, benützt man
Kohlenfäden für 30 bis herab
zu 5 oder 6 Volt und schaltet
sie, wenn ein Betriebsstrom
höherer Spannung benützt
werden muß, in entsprechender Anzahl hintereinander.

Mit Rücksicht auf die Leuchtkraft werden Kohlenfäden der gewöhnlichen Formen bis zu 150 Kerzen
und in neuester Zeit in England und Amerika sogar
bis zu 500 und 1000 Kerzen Lichtstärke hergestellt.
Der Kohlenfaden wird hierbei gewöhnlich verankert
und die Glasbirne entsprechend vergrößert.

Glühlampenfassungen. Um die Glühlampen mit den Beleuchtungskörpern (Pendel, Wandarme, Luster u. s. w.) und den Leitungen verbinden zu können, bedarf es der Vermittlung entsprechender Zwischenteile, Anschlußstücke oder Fassungen. Diese müssen derart beschaffen sein, daß sie einen guten und sicheren Kontakt für die Stromzuführung zur Lampe gewähren und daß auch etwaige Erschütterungen keine Lockerung der Glühlampen in ihren Anschlußteilen herbeiführen können. Da ferner die Glühlampen vermöge ihrer beschränkten Lebensdauer von Zeit zu Zeit ausgewechselt werden müssen und dies auch ungeschulten Personen leicht und sicher zu ermöglichen ist, so sind die Anschlußteile mit Rücksicht auf diese Umstände möglichst einfach und handsam zu gestalten. Vermöge der naturgemäß geringen Abmessungen der Anschlußteile kommen Leitungsteile verschiedenen Potentials nahe aneinander, wodurch die Gefahr eines Kurzschlusses eintritt, welchem dadurch entgegenzuwirken ist, daß nur feuersichere Materialien zur Verwendung gelangen.

Die Anschlußteile bestehen zumeist aus zwei Teilen, von welchen einer mit der Lampe fest ver-

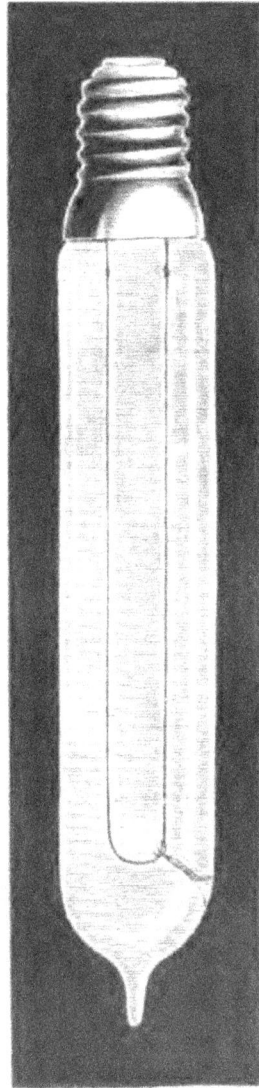

Fig. 21.

bunden wird, während der andere mit einem Gasgewinde
versehen ist, welches zum Aufschrauben desselben auf

Fig. 22.

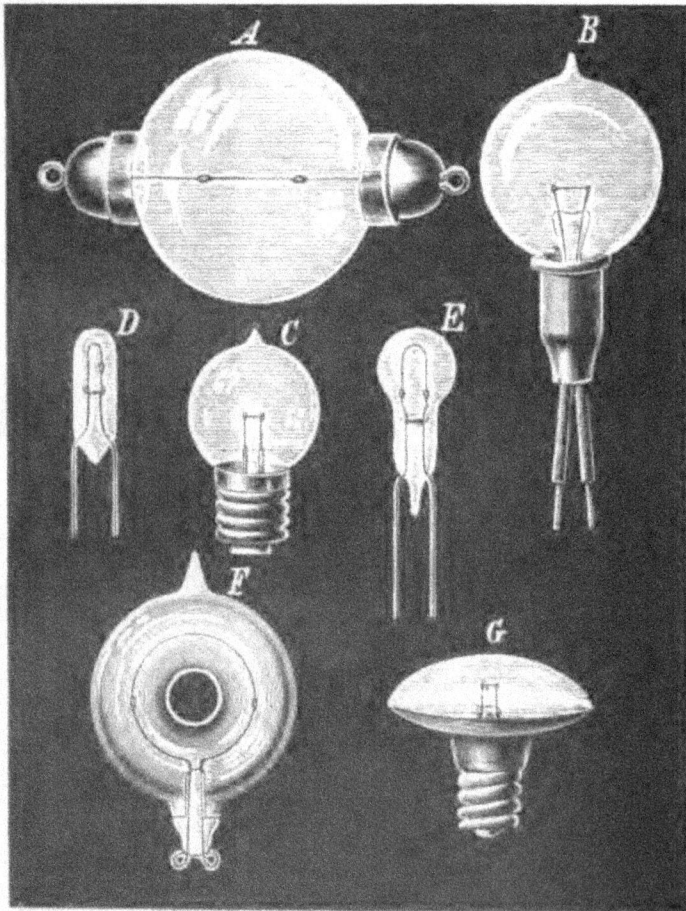

den Beleuchtungskörper bestimmt ist. Bei den Swanlam-
pen älteren Modelles (Fig. 20) sind die Platindrähte, welche
die Kohlenfäden tragen, außerhalb der Lampe zu Ösen

umgebogen, welche in zwei in einem Ebonitsockel befestigte und mit den Zuleitungen verbundene Häkchen
eingehängt werden, wodurch gleichzeitig eine am Sockel
befestigte Spiralfeder durch den Lampenhals zusammengedrückt und dadurch die Einhängung der Lampe ge-
sichert wird.

Zu den gebräuchlichsten Fassungen zählen gegenwärtig jene Fassungen, bei welchen der eine der beiden
den Kohlenfaden tragenden Platindrähte mit einem den
Lampenhals umschließenden Bleche und der andere
Platindraht mit einem zweiten Bleche verbunden ist,

Fig. 23.

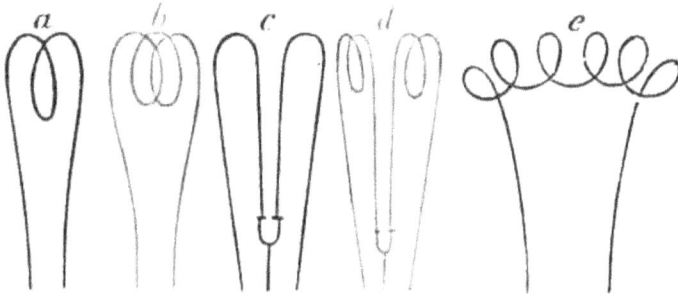

welches innerhalb des Ringbleches und isoliert von
diesem angebracht wird. Fassungen dieser Art, bekannt
unter dem Namen Edisonfassungen (Fig. 8, 18, 21).
bestehen aus einem zylindrischen Bleche mit stumpfem
Schraubengewinde und einem runden Metallscheibchen,
welche beiden Teile ursprünglich durch Gips voneinander isoliert und mit der Glasbirne verbunden worden
sind. Später wurden, um dem Abbröckeln des Gipses
entgegenzuwirken, letzterem Bleiglätte und Glycerin zu-
gesetzt oder wurde durch entsprechende Gestaltung des
Glasgefäßes und der Anschlußteile der Gips auf eine möglichst dünne Schichte vermindert; auch hat man den
Gips durch Stücke aus Glasguß ersetzt oder auch die

Verbindung der Platindrähte mit den Anschlußteilen
unmittelbar ohne Zwischenkörper bewerkstelligt. Der
zweite Teil der Edisonfassung, der durch ein Gasgewinde mit den Beleuchtungskörpern verbunden wird,
enthält die gleichfalls aus Blech geformte Schraubenmutter und von dieser isoliert am Grunde derselben
ein gewöhnlich federndes Metallplättchen, welches den
einen Anschluß für die Stromleitung bildet, während

Fig. 24.

die andere Leitung zur Schraubenmutter geführt ist.
Letztere kommt beim Einschrauben der Lampe mit
der Blechschraube derselben in Kontakt und zwischen
dem federnden Metallblättchen und dem Metallscheibchen auf der Lampe erfolgt der Kontakt, sobald die
Lampe ganz eingeschraubt ist.
    Die Edisonfassungen sind von den einzelnen Firmen
in verschiedener Weise ausgebildet worden. So zeigt
Fig. 24 z. B. eine der von der Berliner Allgemeinen
Elektrizitäts-Gesellschaft auf den Markt ge-
brachten Formen, welche, nebenbei bemerkt, auch mit

einem Hahn verbunden ist.*) Bemerkenswert an derselben ist die einfache Einrichtung, welche ein Einsetzen von Glühlampen für höhere Kerzenstärken als die jeweilig bestimmten, unmöglich macht.· Solche unverwechselbare Glühlampen sind dann erwünscht, wenn der Strombezug nicht auf Grund von Zählerangaben, sondern in Pauschalbeträgen bezahlt wird, wie dies namentlich bei kleineren Anlagen, um die Stromzählerkosten zu ersparen, häufig vorkommt. Die Schädigung des Stromlieferanten durch Brennen von Lampen für höhere Kerzenstärke als die festgesetzte wird nun durch Messingringe von verschiedener Höhe verhindert, welche innerhalb der Gewindehülsen in den Fassungen angebracht sind und auf welchen die Lampe aufsitzt, die ihrerseits selbst wieder Kontaktscheibchen verschiedener Höhe erhält, so daß die Lampen der niedrigsten Kerzenzahl den höchsten Messingring und das höchste Kontaktstück, Lampen höherer Kerzenzahl aber einen niedrigeren Messingring und ein niedrigeres Kontaktstück erhalten. Wird hierbei eine Lampe für höhere Kerzenzahl in eine Fassung für niedrigere Kerzenzahl eingeschraubt, so brennt die Lampe nicht, weil sie beim Einschrauben früher auf dem Messingringe aufsitzen wird als das Kontaktstück mit dem federnden Kontakt der Hülse in Berührung kommt.

Die stets wachsende Verbreitung der Edisonfassung läßt eine Einheitlichkeit, wie sie z. B. in der Gasbeleuchtung für das Gasgewinde besteht, wünschenswert erscheinen und sind auch in der Tat die diesbezüglichen Bestrebungen des Verbandes der deutschen Elektrotechniker auf dieses Ziel gerichtet.**) Außer den Edisonfassungen in ihren verschiedenen Ausführungen haben auch noch Fassungen mit Bajonettverschluß an Stelle des Schraubengewindes Verbreitung gefunden, und zwar sowohl solche, bei welchen die Anordnung der

---

*) Elektrotechnische Zeitschrift, XVIII, S. 494.
**) Elektrotechnische Zeitschrift, XXI (1900), S. 921.

Kontakte dieselbe ist wie bei der Edisonfassung, nämlich eine konzentrische (Fig. 19), als auch solche mit
nebeneinander befindlichen Kontakten (Fig. 20). Zu
den Fassungen mit Bajonettverschluß und konzentri-
schen Kontakten gehört z. B. die Fassung von Ganz & Co.
(Fig. 25). Sie besteht aus einer Metallhülse mit Bajonett-
schlitzen und einer innerhalb der Hülse und von der

Fig. 25.

letzteren isoliert angebrachten Spiralfeder, welche beiden
Teile mit je einem Pole der Leitung verbunden werden.
Die Glühlampe selbst ist mit einer Kontaktkappe ver-
sehen, die ebenfalls aus zwei voneinander isolierten
Stücken besteht, an welche je einer der beiden zum
Kohlenfaden führenden Platindrähte angelötet ist. Das
eine Stück ist ein Kegel, der sich beim Einsetzen der
Lampe in die Fassung in die erwähnte Spiralfeder
preßt, während das zweite Stück aus einer zylindrischen,

genau in die Mantelhülse der Fassung passende Hülse
mit zwei seitlichen Zäpfchen besteht, welche letzteren
in die Bajonettschlitze der Fassung geschoben werden.
Häufig wünscht man, die einzelnen Lampen am
Beleuchtungskörper selbst in und außer Tätigkeit setzen
zu können und rüstet daher die Fassung mit einem
Ausschalter aus, der ebenso wie der Hahn einer Gas-

Fig. 26.

lampe betätigt wird. Eine solche Fassung mit Hahn,
wie sie von der Firma Siemens & Halske erzeugt
wird, ist in Fig. 26 in Ansicht und zerlegt und mit
zugehörigem, am Lampenfuße angebrachtem Anschlußteile abgebildet. Letzterer besteht aus zwei horizontal
gestellten, mit je einem der den Kohlenfaden tragenden
Platindrähte verbundenen schwalbenschwanzförmigen
Messingplättchen, welche ebenso wie die den Lampenhals umschließende Messinghülse durch Gips mit der
Lampe verkittet sind. Der Lampensockel besteht aus

zwei entsprechend ausgeschnittenen und aufeinander
passenden Blechkapseln, welche ein Porzellanstück als
Träger der inneren Einrichtung einschließen und an
demselben durch Schrauben befestigt sind. Das Porzellanstück trägt auf seiner oberen Fläche zwei Kontakt-
federn, die mit den Zuleitungen verbunden sind und
an die schwalbenschwanzförmigen Plättchen der Lampe
sich anlegen, sobald diese in
die Fassung eingestellt und um
180° gedreht wird. Es ist dies
also eine Fassung mit nebeneinander angeordneten Kontakten. An der Unterseite des
Porzellanstückes befindet sich
der Hahn. Er besteht aus
einer, in einem kleinen Rahmen gelagerten und in ihrer
Längsrichtung verschiebbaren
Achse, die an ihrem dem Griffe
entgegengesetzten Ende einen
schief abgeschnittenen Zylinder
trägt, der bei der Drehung der
Achse um 180° in der einen
oder anderen Richtung durch
eine Spiralfeder über oder unter
eine kleine Rolle geschnellt
wird. Auf der Achse ist ferner
isoliert ein kleiner Metallbügel,
der je nach der Stellung des Hahnes die beiden Metall-
kontakte der Fassung verbindet oder diese Verbindung
unterbricht und dadurch das Aus- und Einschalten
der Lampe bewirkt.

Fig. 27.

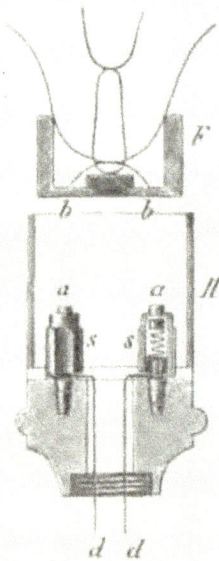

Swan hat für nebeneinander angeordnete Kontakte
auch die in Fig. 27 dargestellte Fassung in Anwendung
gebracht. Die Lampe ist mit einer einfachen Fassung F
versehen, in deren Boden die beiden mit den Platindrähten verbundenen Metallblättchen $b\,b$ isoliert ein-

gesetzt sind. Führt man die Lampe mit ihrer Fassung
in die Hülse *H* ein und setzt sie in dieser durch einen
Bajonettverschluß fest, so stemmen sich die beiden
Metallpistons *aa* gegen die Metallblättchen *bb*, da sie
durch Spiralfedern in den hohlen Schraubenköpfchen *ss*
nach oben gedrückt werden und stellen dadurch die
Verbindung der Leitungsdrähte *dd* mit den Platindrähten her.

Die Glühlampenfassungen werden nicht nur mit
Schaltvorrichtungen (Hähnen) zum bequemen Ein- und

Fig. 28.

Ausschalten der Lampen versehen, sondern zuweilen
vereinigt man mit diesen Vorrichtungen auch noch
Regulierungsvorrichtungen für die Lichtstärke der
Lampe, wie eine solche auch schon von Edison angegeben worden ist (Fig. 12).

Der Langsam- und Sparumschalter von Hum-
mel & Helberger (Fig. 28) gehört gleichfalls zu dieser
Art Vorrichtungen. Er besteht im wesentlichen aus einem
Porzellansockel mit aufgesetztem Specksteinringe, der
mit radial eingeschnittenen Nuten versehen ist, welche
zur Aufnahme einer Widerstandsspirale dienen. Un-

mittelbar auf dem Widerstandsdrahte, der zur Sicherung
gegen mechanische Einflüsse mit dem Isolierkörper
fest vergossen ist, schleift ein Kontaktarm, dessen
Drehung' die Einschaltung der Lampe durch 30 Hellig-
keitsstufen bis zu ihrer größten Helligkeit gestattet.
Diese große Stufenzahl gibt ein allmähliches, nicht

Fig. 29.

sprungweises Regulieren der Lampe; bei geringerer
Leuchtkraft wird natürlich auch der Stromverbrauch
entsprechend verringert, so zwar, daß z. B. eine
10 kerzige Lampe, welche bei voller Lichtstärke $0.5\ A$
verbraucht, beim Mattbrennen (etwa als Nachtlicht)
nur $0.143\ A$ konsumiert. Der ganze Schalter ist nach
außen mit einer durchlöcherten Kapsel abgeschlossen
und kann mit Glühlampen aller Art verbunden werden;

Fig. 29 zeigt denselben z. B. in Verbindung mit einer Tischlampe.
Was die weitere Ausrüstung oder Montage der Glühlampen anbelangt, so kann dieselbe eine außerordentlich mannigfache sein, doch muß diesbezüglich auf Band XI (Urbanitzky, Beleuchtungsanlagen, 3. Aufl.) verwiesen werden.

3. Glühlampen besonderer Art.

Von dem Bestreben geleitet, durch Anwendung höherer Glühtemperaturen, als die Kohle anzuwenden gestattet, eine günstigere Lichtausbeute zu erzielen, ist man in neuerer Zeit zur Herstellung von Glühlampen gelangt, bei welchen der Glühkörper nicht aus Kohle, sondern einerseits aus Magnesiumoxyd, beziehungsweise aus sogenannten seltenen Erden und anderseits aus Osmium besteht, also aus Stoffen, die, ohne flüssig zu werden, sich zu einer höheren Temperatur erhitzen lassen als Kohle. Diesbezügliche Versuche sind zwar schon von de Changy (1858) unter Anwendung von Platindraht und später von Jablochkoff (1878), der ein Kaolin-(Tonerde-)Stäbchen benützte, gemacht worden, jedoch ohne einen praktischen Erfolg zu erzielen. Wohl aber dürfte ein solcher der in jüngster Zeit erfundenen Nernstlampe beschieden sein und ist auch für die Osmiumlampe die Erlangung einer praktischen Bedeutung nicht ausgeschlossen.

Die Nernstlampe. W. Nernst*) hat bei seinen Versuchen, einen Stoff ausfindig zu machen, der eine gute Lichtausbeute gestattet, gefunden, daß das Magnesiumoxyd bei hoher Temperatur ein verhältnismäßig gutes Leitungsvermögen besitzt, daher durch den elektrischen Strom leicht auf eine hohe Temperatur gebracht und bei dieser erhalten werden kann. Immer-

---

*) Elektrotechnische Zeitschrift, XX (1899), S. 355.

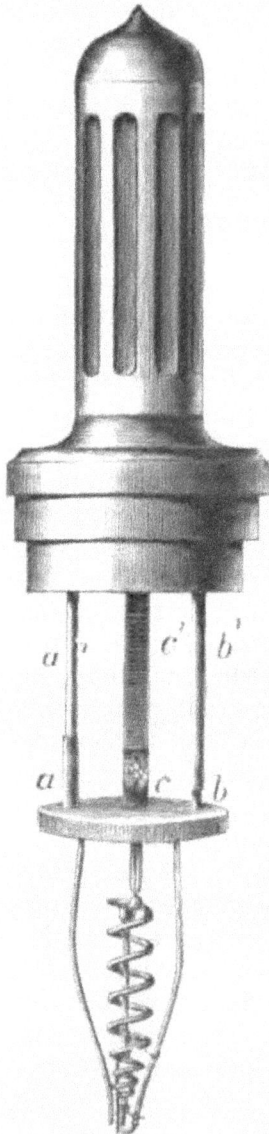

Fig. 30.

Fig. 31.

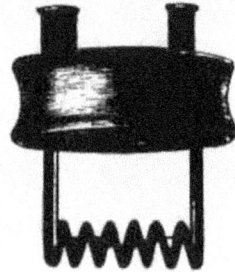

hin sind aber bei Anwendung dieses
Stoffes als Glühkörper gewisse
Schwierigkeiten zu überwinden.
Das Magnesiumoxyd ist nämlich
ein Leiter zweiter Klasse oder
ein sogenannter Nichtleiter, d. h.
er leitet den elektrischen Strom
bei gewöhnlicher Temperatur
nicht und muß daher, um leitend
zu werden, vorerst auf eine
höhere Temperatur gebracht oder
vorgewärmt werden. Kleine
Magnesiastäbchen können durch
ein angebranntes Zündhölzchen
genügend vorgewärmt werden,
während für größere ein Spiritus-
flämmchen erforderlich ist. Eine
praktische Vorwärmevorrichtung
bildet ein feiner Platindraht, der
auf einer das Magnesiumstäbchen
umhüllenden Porzellanspirale als
Träger angebracht ist. Sendet
man durch ein derart vorge-
wärmtes und dadurch leitend
gemachtes Stäbchen Gleich- oder

Wechselströme, so strahlt dasselbe ein blendend weißes, vollkommen ruhiges Licht aus, welches in seiner Zusammensetzung mit dem Sonnenlichte ziemlich nahe übereinstimmt.

In den Fig. 30 und 31 sind zwei Lampenformen abgebildet, wie solche die Allgemeine Elektrizitäts-Gesellschaft in den Handel bringt. Wie Fig. 30, welche eine Lampe ohne Glocke und Gehänge in einem Drittel natürlicher Größe zeigt, erkennen läßt, ist der Brenner auf einer Porzellanplatte befestigt, die durch die Schraube c mit dem Blechstreifen c^1 verbunden ist, so daß nach Lockerung dieser Schraube, der Brenner sofort ausgewechselt werden kann. Um hierbei jeden Irrtum zu vermeiden, trägt die Porzellanplatte ein Röhrchen a und ein Stäbchen b, welchem auf der Fassung ein

Fig. 32.

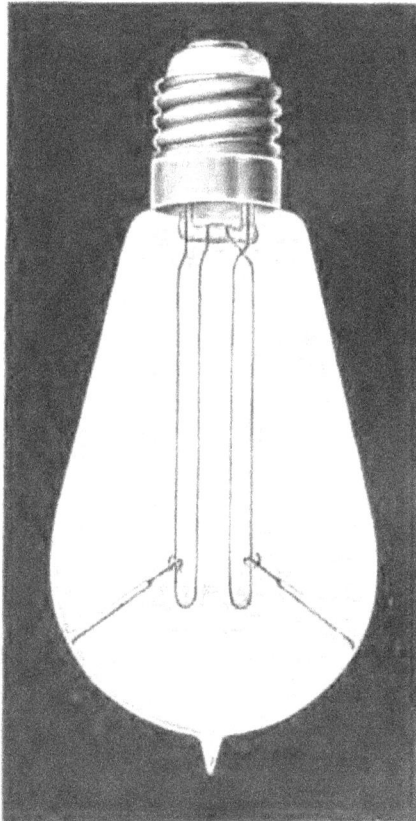

Stäbchen a^1 und ein Röhrchen b^1 entsprechen, so daß also der Brenner nur in der richtigen Lage eingesetzt werden kann. Die beiden Hauptformen der Lampe werden für die gebräuchlichen Spannungen zwischen 100 und 150 V und zwischen 200 und 250 V

hergestellt, und zwar für Stromstärken von 0·25 *A*, 0·5 *A*
und 1 *A*.

Untersuchungen, welche W. Wedding*) mit
Nernstlampen durchgeführt hat, ergaben für Lampen
der Type *B*, d. h. Lampen für 220 *V* und 100 Watt
(65 Kerzen) als Zündzeit weniger als 30 Sekunden und
für Type *A*, d. h. Lampen für 110 *V* und 100 Watt
(65 Kerzen) rund 30 Sekunden. Der spezifische Ver-
brauch also $\dfrac{\text{Wattverbrauch}}{\text{Lichtstärke}}$ dürfte sich annähernd auf
1 Watt bringen lassen.

Hulse**) fand, daß die Nernstlampe bei einer
durchschnittlichen Lebensdauer von 400 Stunden im
Mittel 2·1 Watt für die Hefnerkerze verbraucht gegenüber 3·55 Watt der gewöhnlichen Glühlampe. Hulse
untersuchte Lampen für 110 *V* Spannung und fand
bei Gleichstrombetrieb eine mittlere Lebensdauer von
473 Stunden, jedoch schon nach etwa 400 Stunden
eine starke Ökonomieabnahme, so daß dann die Nernstlampe nicht besser ist als die gewöhnliche Kohlenglühlampe. Auch tritt in der ersten halben Stunde
(ähnlich wie beim Auerschen Glühstrumpf) ein merk-
licher Abfall an Leuchtkraft ein. Nach 20 Stunden
wird die Leuchtkraft ziemlich beständig und beginnt
erst später wieder langsam abzufallen. Unter der Annahme, daß die beste Kohlenglühlampe 1·66 Pf. für
die Kerzenstunde kostet, werden die Kosten für die
Nernstlampe mit 1·22 Pf. berechnet.

Bemerkenswerte praktische Verwendung soll die
Nernstlampe bereits in Amerika gefunden haben. Wie
J. A. Wurts***) angibt, werden die Glühkörper aus
einem Teige der sogenannten seltenen Erden (Thorium,
Cerium u. s. w.), vermischt mit einem passenden Binde-
mittel, hergestellt, indem derselbe feucht durch Stempel

---

*) Elektrotechnische Zeitschrift, XXII (1901), S. 400.
**) Elektrotechnische Zeitschrift, XXIII (1902), S. 413.
***) Elektrotechnische Zeitschrift, XXII (1901), S. 855.

und Matrize in Form dünner Stäbchen gepreßt wird, die
man hierauf in entsprechende Stücke schneidet, trocknet
und zu porzellanartiger Härte brennt. In die Masse
eingekittete Platinstifte dienen zur Stromzuführung,
indem an dieselben die Zuleitungsdrähte angelötet
werden. Wird der Strom im Glühkörper verstärkt, so
steigt die Spannung an seinen Enden zuerst schnell
und dann langsamer, bis ein Maximum erreicht ist, um
dann schneller und schneller abzufallen, wenn Stromstärke und Temperatur zunehmen. Jenseits dieses Ma-
ximums ist der Wiederabfall ein so schneller, daß die
Stromstärke schwer zu regeln ist, so daß die Lampe
ohne Vorschaltwiderstand rasch einen Kurzschluß bilden
und zersprühen würde. Durch den Vorschaltwiderstand
soll bewirkt werden, daß der Glühkörper möglichst
nahe dem Maximum brennt. Um dies mit möglichst
geringem Verluste zu erreichen, muß das Widerstands-
material einen hohen positiven Temperaturkoeffizienten
besitzen, denn ein Widerstand ohne letzteren müßte
sehr hoch gewählt werden und daher den Wirkungs-
grad der Lampe beeinträchtigen. Bei hoher Temperatur-
korrektion hingegen genügt ein niedrigerer Widerstand,
weil dann bei außergewöhnlichem Anwachsen der Spannung durch die korrigierende Kraft des Widerstandes
die zusätzliche Spannung aufgenommen und daher ein
unzulässiges Anwachsen der Stromstärke im Glühkörper
verhindert wird. Potter stellt solche Widerstände aus
Eisendraht her, den er in ein Röhrchen einschmilzt,
welches mit einem indifferenten Gase gefüllt wird.

Gute Glühkörper werden bei ungefähr 950⁰ C.
leitend und sollen bei Betrieb mit Wechselströmen
eine Lebensdauer von ungefähr 800 Brennstunden
besitzen; beim Betriebe mit Gleichstrom ist dieselbe
wesentlich geringer. Als Heizapparat dient ein dünnes
Porzellanröhrchen, bewickelt mit feinem Platindraht,
welcher zum Schutze gegen die Hitze des Glühkörpers in Zement eingebettet ist. Die Spiralen wer-

den für 110 V gewickelt und zu zweien hintereinander geschaltet; ein Paar genügt für Lampen mit
1 bis 3 Glühkörpern. Da der Heizkörper durch die
bedeutende Hitze des Glühkörpers eine Materialab-
nahme erleidet, muß er nach 2000 bis 3000 Lampen-
brennstunden durch einen neuen ersetzt werden. Den
Ausschalter für den Heizkörper bildet ein Eisenstück,
welches mittelst eines Silberbandes und einer Silber-
drahtgabel Kontakt macht, wenn es von dem zugehörigen Elektromagnet angezogen wird, der in Tätigkeit
tritt, sobald Strom durch den Glühkörper fließt. Der
Verbrauch, welcher sich für eine mehrstiftige Lampe
günstiger stellt als für eine einstiftige, wird für eine
sechsfache Lampe mit farbloser Glocke zu 1·2 Watt für
1·14 Hefnerkerzen angegeben. Der Glocke fällt die
Aufgabe zu, die Wärme zusammenzuhalten.

Bei gleicher Lichtstärke ist der Verbrauch der
Nernstlampe ungefähr halb so groß als jener der gewöhnlichen Glühlampe. Mit dem Wechselstrom- und
Gleichstrombogenlichte verglichen ist das Bogenlicht
im Vorteile. Hingegen wird durch die Nernstlampe die
Beleuchtung entfernter Punkte günstiger beeinflußt und
eine gleichmäßigere Lichtverteilung bewirkt, da bei
ihr die maximale Lichtausstrahlung fast in horizontaler
Richtung erfolgt, während Bogenlicht sein Maximum
ungefähr bei 45⁰ besitzt.

Neue Edison- und Osmiumlampe. Glühfäden
ähnlich den gebräuchlichen Kohlenfäden aber mit
Benützung der schwer schmelzbaren Oxyde, seltener
Erden, suchte Edison herzustellen. Die nichtleitenden
schwerschmelzbaren Oxyde (namentlich Thor- und Circon-
oxyd) bilden hierbei einen porösen Faden, in welchem
kleine Kohlenteilchen eingelagert sind, die den Strom-
durchgang vermitteln. Der Faden ist wie bei der gewöhnlichen Glühlampe in eine luftleer gemachte Glasbirne eingeschlossen. Auer von Welsbach benützt
zur Herstellung eines elektrischen Glühkörpers das

am schwersten schmelzbare Metall, das Osmium.
Osmiumpulver wird zu einem Teig verarbeitet und
aus diesem werden durch Pressen bei hohem Drucke
Fäden hergestellt, die man hierauf durch den elektrischen Strom in einer Kohlenwasserstoff-Atmosphäre
erhitzt, wobei sie zuerst gelb und dann weißglühend
werden. Der Osmiumfaden wird in vertikaler Lage
benützt, da er sich sonst beim Glühen stark durch-
biegen würde. Da Osmium ein Leiter ist, kann die
Lampe ohne Hilfsvorrichtung in die Leitung eingeschaltet und zum Leuchten gebracht werden. Sie
entwickelt bei gleichem Stromverbrauche eine höhere
Leuchtkraft als die gewöhnliche Glühlampe oder zeichnet
sich durch eine bessere Wirtschaftlichkeit aus. In
Fig. 32 (S. 87) ist eine Osmiumlampe in $^2/_3$ Naturgröße abgebildet. Lampen, welche für die Hefnerkerze 1·5 W
verbrauchen, erreichen eine hohe Lebensdauer, nämlich häufig 700, aber auch 1000 und 1200 Brennstunden.
Die Osmiumlampen bedürfen wegen ihres metallischen
Glühfadens geringer Stromspannungen und müssen daher
in der Regel hintereinander geschaltet werden; bisher
wurden Lampen für 20 bis 50 V und Lichtstärken von
2 bis 200 Hefnerkerzen erzeugt.

Hewitts Gaslampe*) nähert sich in ihrer äußeren
Form der gewöhnlichen Glühlampe und beruht im
Prinzipe auf der Verwendung einer lichtausstrahlenden
Kathode aus seltenen Erden. Nach Angabe des Erfinders
soll es bei Verwendung von Eisenelektroden in ver-
dünntem Stickstoff bei einem Abstande von ungefähr
38 *mm* gelingen, die Lampe mit Gleichstrom von 750 V
und darunter zum Leuchten zu bringen. Beim Betriebe
mit Wechselstrom wirken beide Elektroden als Kathoden.

Endlich mag noch erwähnt werden, daß man
auch daran gedacht hat, das Lumineszenzlicht, wie es
die Geißlerschen Röhren ausstrahlen, zur Beleuchtung

---

*) Electrical World, Bd. XXXIX, S. 167.

zu verwenden. Nachdem es längst bekannt war, daß
luftentleerte Röhren, wenn sie in die Nähe der Funken-
strecke einer in Tätigkeit befindlichen Elektrisiermaschine, Influenzmaschine oder eines Induktionsapparates
gebracht werden, gleichgültig ob sie äußere oder auch
nach innen reichende oder gar keine Elektroden
besitzen, haben besonders brillante Experimente dieser
Art, welche Tesla mit hochgespannter Elektrizität
bei hoher Wechselzahl anstellte, Veranlassung gegeben,
an eine ideale Beleuchtung ohne Wärmeentwicklung zu
denken. Tesla will den zu beleuchtenden Raum auf zwei
einander gegenüberliegenden Wänden mit Metallplatten
versehen und diese mit den Polen der Elektrizitätsquelle,
als welche ein Induktionsapparat in Verbindung mit
Kondensatoren (Leydenerflaschen) und einem Transformator zu dienen hätte, verbinden. In dem Raum
zwischen den beiden Metallplatten können dann an
beliebigen Stellen Geißlersche Röhren angebracht
werden, welche ohne jede Drahtleitung die Beleuchtung
besorgen.

Mc. Farlan Moore gelang es, mittels eines
Vakuumunterbrechers und eines gewöhnlichen Elektromagnetes, der zugleich das Induktorium darstellt,
2 m lange und 5 cm dicke Vakuumröhren mit äußeren
Elektroden so zu erregen, daß sie ein intensives,
gleichmäßiges weißes Licht ausstrahlen. Hinsichtlich
der Lichtstärke und des Energieverbrauches scheint
eine solche Röhre der gewöhnlichen Glühlampe zu
16 Kerzen an die Seite gestellt werden zu können.*)

Halbglühlampen. Im Gegensatze zu den vorstehend angeführten Glühlampen, deren Schaffung auf
neuere Bestrebungen zurückzuführen ist, sollen nachstehend noch besondere Glühlampen Erwähnung finden,
die gewissermaßen zwischen den gebräuchlichen Va-
kuumglühlampen und den Bogenlampen stehen und
einer älteren Zeit angehören: es sind dies die unter

---

*) Elektrotechnische Zeitschrift, XVII (1896), S. 637.

den Namen Halbinkandeszenz- oder Halbglühlampen, wohl auch Kontaktglühlampen bekannt
gewordenen Glühlampen, die aber keine praktische
Bedeutung erlangt haben. Der Grund hiervon liegt
nicht in Mängeln technischer Art, sondern vielmehr
darin, daß der Energieaufwand im Verhältnisse zur
Lichterzeugung ein viel zu bedeutender ist, daß also
diese Lampen unwirtschaftlich arbeiten. Bei den Halbglühlampen entsteht das Licht an der Berührungsstelle zweier Elektroden in freier Luft und unter Verbrennung von Kohle.

Werdermann hat durch zahlreiche Versuche fest-
gestellt, daß, wenn man den Querschnitt der positiven
Kohle verkleinert und den der negativen gleichzeitig
vergrößert, letztere immer schwächer glüht, während
erstere zu immer stärkerer Glut gelangt. Durch die
Ungleichheit der Querschnitte wird der Widerstand,
welchen der Strom an der Berührungsstelle beider
Kohlen findet, vergrößert und daher nimmt auch die
Erhitzung zu. Bei einem beiläufigen Verhältnisse von
1 : 64 des Querschnittes der positiven zum Querschnitte
der negativen Kohle erhitzt sich diese fast gar nicht,
erleidet daher auch keine Abnahme, während die
positive Kohle unter Entwicklung eines schönen, ruhigen
Lichtes stetig abbrennt.

Der erste, welcher eine Halbglühlampe erfand, ist
nach Fontaines*) Angabe Varley; dieser beschrieb
sie in einem Patente auf eine elektrische Maschine,
das er im Jahre 1876 nahm. Die im Jahre 1878 von
Reynier, Marcus und Werdermann erdachten
Lampen waren jedoch die ersten, welche regelmäßig
funktionierten. Das Prinzip dieser Lampen charak-
terisiert du Moncel in einer Mitteilung an die Pariser
Akademie mit folgenden Worten:

»Wenn ein dünnes Kohlenstäbchen (Fig. 33), auf
welches seitlich ein elastischer Kontakt drückt, und

---

*) Die elektrische Beleuchtung. Deutsch von F. Roß, II. Aufl. (1880), S. 253.

welches in der Richtung seiner Achse gegen einen festen
Kontakt gedrückt wird, zwischen diesen beiden Kontakten
von einem genügend kräftigen elektrischen Strom durchflossen wird, so kommt diese Partie zum Weißglühen
und verbrennt, während sich das Ende zuspitzt. Im
Maße, wie die Abnützung des Endes stattfindet, wird
durch den ständig darauf wirkenden Druck das Kohlen-

Fig. 33.

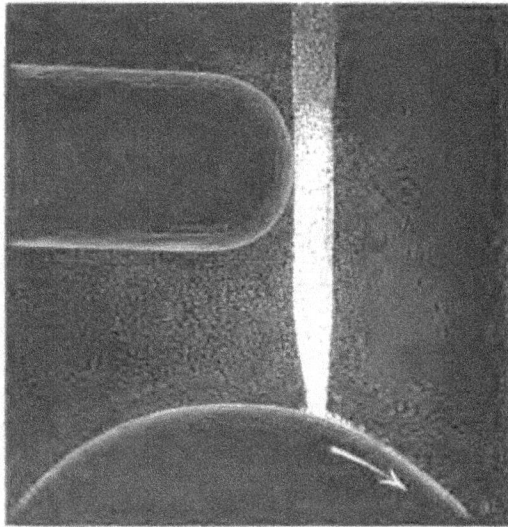

stäbchen weiter vorgeschoben, indem es durch den
elastischen Kontakt gleitet und dabei immer auf dem
fixen Kontakte aufruht. Die infolge des Durchganges
des Stromes im Kohlenstäbchen hervorgerufene Wärme
wird durch die gleichzeitige Verbrennung des Kohlen-
stoffes wesentlich erhöht.«

Eine für die praktische Anwendung bestimmte,
von Reynier konstruierte Lampe ist in Fig. 34 abgebildet. Auf einer Metallplatte P sind zwei ineinander
gesteckte Röhren befestigt, von welchen die eine P_1

von der Grundplatte (durch den schwarzen Ring) isoliert ist, während die andere, innere Röhre P_2 mit der Grundplatte und durch diese mit der positiven Polklemme $+$ in leitender Verbindung steht. Die äußere

Fig. 34.

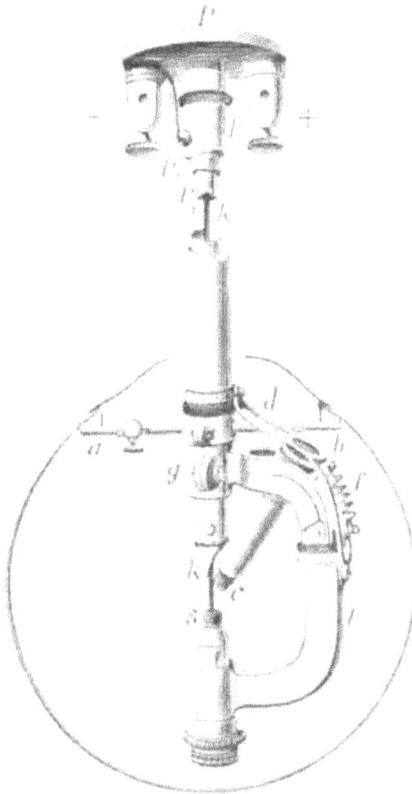

Röhre P_1 ist mit der isolierten Polklemme — durch einen Draht verbunden. Beide Röhren sind voneinander isoliert. Die Gabel g, welche den Kontaktstift c trägt, ist an der inneren Röhre P_2 befestigt; der Kontaktstift selbst besteht aus einem in einer Messingröhre gefaßten Graphitstück und wird durch die Feder f gegen den Kohlenstab k angedrückt. Von der Gabel isoliert ist am unteren Ende derselben der Träger t für den — Pol angebracht, der, wie der Kontaktstift c, gleichfalls aus einem in Messing gefaßten Graphitstück s besteht. Die Messingfassung ist durch Bajonettverschluß an den Träger t befestigt. Das Graphitstück s steht durch den Träger t und den gabelförmigen Draht d mit der äußeren Röhre P_1 in leitender Verbindung. Der Kohlenstab k wird durch das Zylindergewicht P_3 stets gegen das Graphitstück s angedrückt. Die Arme a und b dienen als Träger für die Glaskugel. Der Stromgang in der Lampe ist hiernach folgender: Der Strom tritt bei der Klemme $+$ ein, geht durch die Grundplatte P in die innere Röhre P_2, durch diese und den Kontaktstift c zum Kohlenstäbchen k; hier erzeugt er infolge des unvollkommenen Kontaktes mit s das Glühlicht, geht dann durch den Träger t, den Draht d und die äußere Röhre P_1 zur negativen Polklemme —.

Der Durchmesser der für diese Lampe bestimmten Kohlenstäbe beträgt $2\cdot5\,mm$ bei $1\,m$ Länge; die Brenndauer ist ungefähr sechs Stunden. Die Länge des glühenden Teiles kann von $4-8\,mm$ variiert werden und das erzeugte Licht entspricht $40-160$ Kerzen. Mit acht großplattigen Elementen nach Bunsen erzeugt man ein Licht von beiläufig 96 Kerzen. Wird die Lampe mit Strömen einer elektrischen Maschine betrieben, so gibt sie $240-320$ Kerzen für die PS. Das Einsetzen eines neuen Kohlenstabes erfolgt einfach in der Weise, daß der Bajonettverschluß des negativen Kohlenträgers gelöst wird, worauf durch die nun leere Röhrenfassung der Stab von unten eingeschoben werden kann. Die Einschaltung mehrerer derartiger Lampen in einen Stromkreis ist ohne Schwierigkeit ausführbar. Es sind sowohl von Reynier als auch von anderen zahlreiche Versuche gemacht worden, eine praktische Kontaktglühlampe zu schaffen, aber alle derartigen Bemühungen scheiterten an dem oben erwähnten prinzipiellen Fehler der zu geringen Wirtschaftlichkeit.

4. Herstellung der Glühlampen.

So einfach die jetzt gebräuchlichen Glühlampen aussehen, so mannigfach sind die Arbeiten, welche bis zu ihrer Vollendung ausgeführt werden müssen. Nachdem man das Material zur Anfertigung des Kohlenfadens gewählt und einer vorbereitenden Behandlung unterworfen oder das Material selbst aus anderweitigen Stoffen erst hergestellt hat, wird dasselbe verkohlt; diesem Prozesse folgt das Karbonisieren oder Regeln des Leitungswiderstandes im Kohlenfaden, hierauf (oder auch vorher) sind Arbeiten sehr heikler Natur vorzunehmen, nämlich das Befestigen der Kohlenfäden auf den Drähten und das luftdichte Einschmelzen dieser in die Glaskugel oder Birne. Ist dies geschehen, so muß letztere luftleer gemacht und hierauf zugeschmolzen werden. Doch auch hiermit ist die Lampe noch nicht vollendet, es fehlen ihr noch jene Anschluß- oder Vermittlungsteile, welche es ermöglichen, die Glühlampe in einen Stromkreis zu schalten. Erst nachdem sie diese Montage oder Fassung erhalten hat, ist sie gebrauchsfähig. Von den mannigfachen Verfahren, welche bei allen diesen Arbeiten eingeschlagen werden,[*] mögen einige nachstehend Andeutung finden.

---

[*] La lumière électrique, Tome IX (1883), p. 60; T. XI (1884), p. 180; T. XIII (1884), p. 214; T. XIV (1884), p. 491; T. XV (1885), p. 117; T. XXVII (1888), p. 112, 209, 377; T. XXIX (1888), p. 478; T. XXX (1888), p. 109; T. XXXI (1889), p. 32; T. XXXII (1889), p. 33; T. XXXIII (1889), p. 10; T. XXXIV (1889), p. 308, 378. — Journal of the Society of Arts, 25. Dez. 1885 — Scientific American, Vol. XLVIII. — Zentralblatt für Elektrotechnik, Bd. IX (1887), S. 183, 384. — Elektrotechnische Rundschau, Bd. I (1883), S. 57, 70; Bd. IV (1887), S. 88, 99, 111, 135; Bd. V (1888), S. 8, 23. — Elektrotechnische Zeitschrift, Bd. VIII (1887), S. 298. — Zeitschrift für Elektrotechnik, Bd. III (1885), S. 434. — Dingler, Polytechn. Journal, 66. Jahrg., Bd. 255 (Heft 6), S. 245. — The Electrician, Vol. XVIII, p. 60, 98, 121, 187, 255, 285, 303, 323, 346, 368, 418. — Krüger, Die Herstellung der elektrischen Glühlampe, Leipzig 1891. — O. Leiner, Elektrotechnische Zeitschrift, XXI (1900), S. 211.

Herstellung der Kohlenfäden. Was zunächst das
Material anbelangt, welches zur Herstellung der
Kohlenfäden Verwendung gefunden hat, so sind zu
nennen: Retortenkohle (bei den ältesten Glühlampen),
elektrisch niedergeschlagene Kohle (z. B. von Cruto),
verkohlte Fasern verschiedener Art (z. B. von Swan,
Maxim, Edison), verkohltes Kollodium (z. B. von
Weston) und endlich wurden auch tierische Produkte, wie Seide, Darmsaiten und Haare, und ferner
auch chemische Niederschläge versucht.

Als Material für die Kohlenfäden kommt gegenwärtig nur vegetabilische Kohle in Betracht, und zwar
scheint das Bestreben, strukturlose Kohlen zu erhalten,
immer allgemeiner zu werden. Man erreicht dies entweder dadurch, daß man dem Materiale durch ge-
eignete Behandlung seine ursprünglich vorhandene
Struktur benimmt oder daß man sich zur Herstellung
der Fäden einer überhaupt schon strukturlosen Masse
bedient. Den ersten Weg schlugen z. B. Swan und
Maxim ein, indem sie Baumwolle, beziehungsweise
Papier mit Schwefelsäure behandelten und dadurch
die organische Struktur zerstörten. Weston hingegen
bereitet sich zunächst eine vollkommen strukturlose
Masse, das Tamidin, und stellt erst aus dieser die
Fäden her. Das Tamidin aber wird durch Behandeln
der Zellulose mit Salpeter- und Schwefelsäure, also
Herstellung von Schießbaumwolle, hierauf folgendes
Auflösen der letzteren in Äther und Alkohol, d. h.
Bildung von Kollodium gewonnen, welchem seine
vollständige Verbrennbarkeit durch eine reduzierende
Verbindung (Ammonium-Hydrosulfit) genommen wird.
Gegenwärtig wird zur Lösung der Schießbaumwolle
auch Eisessig, d. h. reine, wasserfreie Essigsäure
verwendet.

Die Zellulose oder Pflanzenfaser ($C_6 H_{10} O_5$) ist
in einer ammoniakalischen Lösung des basischen
Kupferkarbonates löslich und kann aus einer solchen

Lösung im vollkommen reinen Zustande durch Ausfällen mit Säuren erhalten werden. Mit konzentrierter Schwefelsäure zusammengebracht, quillt sie auf und löst sich allmählich, wird jedoch durch Zusatz von Wasser wieder ausgeschieden. Diese in chemischer und physikalischer Beziehung veränderte Zellulose heißt Amyloid.*) Läßt man ungeleimtes Papier, welches fast reine Zellulose ist, einige Sekunden in Schwefelsäure und Wasser (Verhältnis 2 : 1) liegen und wäscht es dann in Wasser gut aus, so erhält man das bekannte Pergamentpapier. Dieses verdankt sein pergamentartiges Aussehen der oberflächlichen Amyloidbildung.

Solches Amyloid ist es nun, welches man gegenwärtig aus Papier oder Pflanzenfasern irgend welcher Art herzustellen sucht, und zwar zumeist unter Anwendung der Schwefelsäure, als des entsprechendsten Mittels. Das erste derartige Verfahren soll, nach Angabe Swinburnes, von Lane Fox für Papier und Baumwolle ausgeführt worden sein. Man versetzt konzentrierte englische Schwefelsäure so lange mit Wasser, bis die Säure ein spezifisches Gewicht von 1·64 erlangt hat. Die Baumwolle soll eine möglichst lose Textur haben, dabei aber so gleichmäßig als möglich sein. Die größte Schwierigkeit bei dem Prozesse besteht darin, den Faden im richtigen Momente aus der Säure in das Wasser zu bringen, denn wird er zu früh ausgewaschen, so ist die organische Struktur noch nicht völlig zerstört, nimmt man ihn zu spät heraus, so zerfällt er in Stücke. Bei Anwendung schwächerer Säure aber erfolgt die Umwandlung nicht vollständig genug. Bei der fabriksmäßigen Darstellung wird daher der Faden, von einer Rolle kommend, unter einer Art Glasbrücke durch die Säure geführt und dann durch große Trommeln aus Kupferdrahtgaze

---

*) Von Amylum, Stärkemehl, weil es mit diesem die Reaktion gemein hat, durch Jod eine blaue Farbe anzunehmen.

aufgenommen und unter Wasser aufgerollt. Hierbei kann dann die Dauer der Säureeinwirkung durch die Länge des Bades und durch die Entfernung zwischen Säure und Wasserbad reguliert werden. Da die Säure von der angegebenen Stärke begierig Wasser anzieht, so muß das Bad möglichst dicht verschlossen werden; es empfiehlt sich aus verschiedenen Gründen, demselben einen Zusatz von Metaphosphorsäure zu geben.

Der mit größter Sorgfalt ausgewaschene Faden wird dann vertikal oder zickzackförmig aufgehängt und am Ende durch Gewichte beschwert. Hierauf folgt die äußerst schwierige Arbeit, den Faden auf das richtige Maß des Durchmessers zu bringen. Da hierbei auch der härteste Stahl in kürzester Zeit stumpf wird, ist nur mit Ziehvorrichtungen aus Rubinen oder ähnlichen Edelsteinen ein befriedigendes Resultat zu erzielen. Ist dies erreicht, so werden bestimmte Längen abgeschnitten, entsprechend gebogen und dann ist der Faden, der fast durchsichtig erscheinen soll, wie eine Darmsaite und ohne eine Spur unveränderter Baumwolle im Innern, zum Verkohlen fertig.

In ähnlicher Weise kann Papier entsprechend umgewandelt werden, wenn man es nicht vorzieht, das käufliche Pergamentpapier zu benützen. Die Erzeugung der Fäden erfolgt dann durch äußerst sorgfältiges Ausstanzen.

Lodiguine*) behandelt die vegetabilischen Fasern mit Borfluorid bei einer Temperatur von $300-570^0$; hierdurch soll sie gleichfalls strukturlos werden, während gleichzeitig die mineralischen Bestandteile als Fluoride entfernt werden. Tibbits**) tränkt die Fasern mit einer ammoniakalischen Lösung von Wolframsäure und erhitzt sie dann in einer Atmosphäre von Wasserstoffgas auf $1500-2000^0$. Die Wolframsäure wird hierdurch reduziert und es scheidet sich Wolfram als

---

*) La lumière électrique, T. XXXIV (1889), p. 378.
**) Ebenda p. 379.

stahlgraues, glänzendes, hartes Metall auf dem
Faden aus.

Denselben Weg wie Weston schlagen auch die
Verfahren von Mortimer, Evans, Powell und
Wymre ein. Eine Lösung von Zink in Chlorwasser-
stoffsäure wird durch Zinkkarbonat neutralisiert und bis
zur Erreichung des spezifischen Gewichtes von 1·8
eingedampft. Hierauf versetzt man diese Lösung mit
Baumwolle, bis eine hinreichend dicke Masse entstanden
ist, die dann in ein Glasgefäß mit enger Ausfluß
öffnung gefüllt wird. Ist die richtige Konsistenz getroffen, so erfolgt das Ausfließen langsam und regelmäßig und der sich bildende Faden rollt sich, nachdem
er eine fixierende Flüssigkeit passiert hat und erstarrt
ist, in schönster Regelmäßigkeit auf dem Boden des
Gefäßes auf. Ist die Lösung zu dick, so muß sie mit
Hilfe von komprimierter Luft durchgepreßt werden,
sind Luftblasen vorhanden, so entfernt man diese im
Vakuum. Als fixierende, d. h. die Zellulose aus ihrer
Lösung fällende Mittel können Alkohol, Äther, Essigsäure, Ammoniak, Glycerin oder Wasser angewandt
werden. Nach dem Waschen und Trocknen zeigen
diese Fäden hohe Politur und genaues Kaliber.

Cruto*) stellt sich durch Behandeln von Zucker
mit Schwefelsäure eine ebensolche Masse von kautschuk-
artigem Aussehen her und verfertigt aus dieser seine
Fäden. A. Smith**) ließ sich ein Patent geben auf
ein Verfahren, nach welchem die Kohle chemisch
niedergeschlagen wird durch Einleiten eines Chlor-
wasserstoff-Gasstromes in Furfurol ($C_5 H_4 O_2$). Verfahren,
bei welchen tierische Fasern verwendet werden, wie
z. B. Haare oder Seide, haben bis jetzt keine brauchbaren Produkte gegeben, es sei denn, daß man, wie
Ram die Seide auflöst und dann mit dieser Lösung
so verfährt wie mit den Zelluloselösungen.

---

*) La lumière électrique, T. XXX (1888), p. 110.
**) Elektrotechnische Rundschau, Bd. IV (1887), p. 101.

Die nächste Behandlung, welche der in der einen
oder anderen Weise hergestellte Faden zu erfahren hat,
besteht in der Verkohlung desselben. Die organischen
Substanzen des Fadens werden durch Glühen unter
Luftabschluß in Kohle verwandelt, die desto härter,
glänzender oder überhaupt graphitähnlich wird, zu je
höherer Temperatur die Fäden erhitzt werden. Die Art
des hierzu benützten Ofens richtet sich zum Teile auch
nach der Größe des Betriebes. Für große Betriebe
eignen sich Reverberiröfen (Flammöfen), für kleinere
Koks- oder Gasöfen.

Fig. 35.

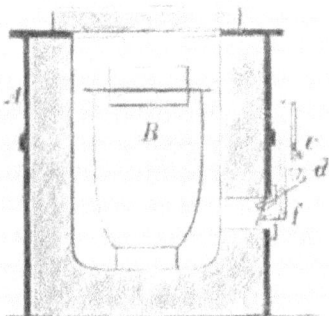

Sellon schlägt vor, das
Verkohlen in Petroleum-
Muffeln vorzunehmen, um
hiermit bei noch höheren
Temperaturen zu verkohlen
als in den vorgenannten
Öfen. Er setzt in die
Muffel *A* (Fig. 35) den von
einer dicken Schichte Asbest
oder Kohle umgebenen
Schmelztiegel *B* ein und setzt
in diesen einen zweiten,
die Fäden enthaltenden Tiegel. Das Petroleum wird
Tropfen für Tropfen durch *c d* zugeführt, während
durch *f* ein Luft- oder Dampfstrom bläst. Man erhitzt
nach und nach mehrere Stunden hindurch und beendet
den Prozeß durch Einblasen von Sauerstoff, wodurch
eine sehr hohe Endtemperatur erzielt wird. Man erhält
hierdurch namentlich bei Anwendung von Amyloid
äußerst gleichartige, feste und harte Kohlenfäden, welche
die Lampengläser sehr wenig schwärzen.

Zur Herstellung der Kohlenfäden aus den Amyloid-
fäden verfährt man im allgemeinen in folgender Weise:
Der Faden wird spiralförmig auf einen Rahmen gewunden, welcher aus zwei runden, dicken Lichtkohlen
und zwei Holzquerstücken besteht. Die Fäden ziehen

sich nämlich beim Verkohlen stark zusammen, und daher muß man diesem Umstande durch Anwendung eines Querstückes aus solchem Materiale Rechnung tragen, welches im gleichen Maße zusammenschrumpft. Der Abstand der beiden Lichtkohlen voneinander kann so bemessen werden, daß eine Umwindung zwei Fäden gibt; da aber die große freie Länge leicht Unregelmäßigkeiten verursacht, ist es besser, nur einen Faden aus jeder Windung zu gewinnen. Die so bewickelten Gestelle werden dann in Papier eingeschlagen und so viel ihrer Raum finden, in den Tiegel eingesetzt. Der noch freibleibende Raum wird dann mit pulverisierter Kohle ausgefüllt und durch einen mit Kitt befestigten Deckel verschlossen. Gestanzte Fäden aus Amyloid legt man unter Zwischenlage von Calico in den Tiegel, beschwert sie mit einem Gewichte und verschließt den Tiegel durch Aufkitten eines Deckels; ein Zusatz von Kohlenpulver ist hierbei nicht notwendig. Man wendet zuerst nur mäßige Hitze an (Vorverkohlen), um nach und nach alle Feuchtigkeit zu vertreiben und steigert erst nach ungefähr 24 Stunden die Hitze, um in weiteren 12 Stunden die vollkommene Verkohlung zu erreichen.

Die durch Verkohlung im Ofen erhaltenen Fäden sind noch nicht zur Verwendung geeignet. Um dies zu erreichen, müssen sie erst von ihrem gewöhnlich sehr hohen Widerstande auf den gewünschten gebracht, d. h. sie müssen auf Widerstand justiert werden. Dies erfolgt durch das Karbonisieren oder Niederschlagen von Kohle auf elektrischem Wege. Bevor man hierzu schreiten kann, müssen aber die Dimensionen der Kohlenfäden bestimmt werden, wobei ziemlich große Genauigkeit erfordert wird. Denn besitzt eine Kohle einen Durchmesser von z. B. 0·009 Linien, und die Messung hat 0·008 Linien ergeben, so würde, nach Swinburne, die fertige Lampe in der Lichtstärke um $10^{0}/_{0}$ und in der Spannung um $5^{0}/_{0}$ falsch sein.

Übrigens läßt sich bei genügender Sorgfalt eine Genauigkeit bis auf o·ooo5 Linien erreichen.

Haben die Messungen verschiedene Durchmesser
ergeben, so müssen die Kohlen sortiert werden; jedem
Durchmesser entspricht dann eine bestimmte Länge,
für welche z. B. eine 16 Kerzenlampe erzielt wird.
Man berechnet diese Längen im vorhinein, stellt sie
tabellarisch zusammen und bestimmt dann mit Hilfe
des in Fig. 36 abgebildeten Apparates die Fadenlängen.
Man legt nämlich den Kohlenfaden auf den vorher
entsprechend eingestellten Apparat in der durch die
Figur dargestellten Weise und schiebt dann über die
freistehenden Enden des Fadens die Klammern, in

Fig. 36.

welche er behufs Karbonisierung gefaßt werden muß,
bis diese gegen das Querstück des Apparates stoßen.
Die Kohle ist nun zum Karbonisieren bereit.

Das Karbonisieren oder Justieren auf Widerstand
erfolgt, indem man den Kohlenfaden eingeschlossen
in einen gasförmigen, flüssigen oder festen*) Kohlenwasserstoff, durch den elektrischen Strom für einzelne
Momente in Weißglut versetzt. Die Weißglut darf nur
für Augenblicke erzeugt werden, weil im gegenteiligen
Falle die Zersetzung der Kohlenwasserstoffe und die
Abscheidung der Kohlenteilchen auf dem Faden zu
rasch und daher unregelmäßig erfolgt. Da der Kohlenfaden sich an jenen Stellen am stärksten erhitzt, an
welchen sein spezifischer Widerstand am größten ist,

*) Z. B. Karl Seel: La lumière électrique, T. XXX (1888), pag. 110.

so werden auch zunächst diese Stellen von Kohlen-
molekülen umlagert und hierauf erst Stellen von geringerem Widerstande. Wird das Karbonisieren fortgesetzt, so ist die Kohle in kurzer Zeit auf den gewünschten Widerstand gebracht und alle Punkte besitzen gleiche Temperatur, was für die Güte einer
Lampe wichtig ist.

Wird das Karbonisieren in gasförmigen Kohlenwasserstoffen (z. B. Leuchtgas) bei gewöhnlichem
Drucke vorgenommen, so bedient man sich hierzu einer
Glasflasche, in welcher das Gas durch ein am Boden
einmündendes Rohr eintritt und durch ein im oberen
Teile der Flasche ausmündendes Rohr hinausgeleitet
wird. Die den Kohlenfaden haltenden Klammern sind
an einem Stöpsel befestigt, so daß beim Einführen
des Fadens in die Flasche diese auch gleichzeitig verschlossen wird. Will man unter geringerem als dem
gewöhnlichen Luftdrucke karbonisieren, so muß das
Glasgefäß natürlich mit einer Luftpumpe in Verbindung gesetzt werden, durch welche man nach Ein-
bringung des Kohlenfadens die Luft auspumpt, worauf
man den Kohlenwasserstoff einströmen läßt, bis der
gewünschte Druck, etwa 12 mm, erreicht ist. Das
Justieren bei gewöhnlichem Drucke bringt den Widerstand der Kohle sehr rasch herab und gibt daher nicht
so sichere Resultate als die Anwendung geringeren
Druckes. Erstere Methode ist daher dann anzuwenden,
wenn der Widerstand sehr erheblich vermindert werden
muß; doch auch in diesem Falle wird man gut daran
tun, die Karbonisierung unter gewöhnlichem Drucke
nur nahezu durchzuführen, die Vollendung aber unter
geringerem Drucke zu geben.

Zur Stromlieferung bei dem Glühen der Kohlenfäden bedient man sich einer Maschine mit Neben-
schlußschaltung oder einer solchen, bei welcher die
Magnete durch einen besonderen Strom erregt werden.
Die Spannung muß mindestens 200 V betragen. Be-

quemer ist es jedoch, Sekundär-Elemente zu verwenden. Das Messen des Kohlenfadenwiderstandes
während des Karbonisierens geschieht am zweckmäßigsten durch Einschalten des Fadens in die Wheat-
stonesche Brücke.

Der Kohlenfaden als solcher ist nunmehr vollendet;
um ihn aber in die Glaskugel einschmelzen zu können,
müssen seine Enden an Platindrähten befestigt werden.
Es kann dies in der Weise geschehen, daß man die
Platindrähte am Ende breitschlägt und dann durch ein
Zieheisen zieht, wobei sich die breitgeschlagenen Stellen
zu Röhrchen krümmen, in welche man die Faden-
enden steckt und einklemmt. Man hat auch versucht,
die Kohlenenden mit den Platindrähten durch Ver-
kittung mit Teer und Lampenruß zu verbinden, doch
schließt hierbei der Kitt Gase und Wasserdampf ein
und erschwert dadurch das Auspumpen der Lampe.
Die Verbindung durch galvanische Niederschläge von
Metallen, z. B. Kupfer, ist deshalb nicht anzuraten,
weil der hohen Temperatur des Kohlenfadens wegen
das Kupfer verflüchtigt wird und entweder einen Lichtbogen bildet oder eine Lichterscheinung, ähnlich jener
in Geißlerschen Röhren, veranlaßt. Am zweckmäßigsten
und gegenwärtig allgemein geübt ist die Verbindung
der Kohlenfäden mit den Drähten durch Niederschlagen von Kohle auf elektrolytischem Wege.
Der Faden wird zu diesem Behufe unmittelbar oberhalb der Kontaktstellen kurzgeschlossen und in Toluol
oder Benzol getaucht, während man einen Strom
durchschickt. Dieser schlägt dann an den Kontaktstellen, als den Stellen größten Leitungswiderstandes,
Kohle nieder und schafft dadurch gute Kontakte. Die
Platindrähte werden, um mit dem teuren Metall zu
sparen, nur so lang genommen, als zum Einschmelzen
in das Glas notwendig ist und im übrigen einerseits
durch angelötete Kupfer- und anderseits Nickeldrähte
entsprechend verlängert.

Die Glasbläserarbeiten, so weit sie in Glühlampen-
fabriken überhaupt in Betracht kommen, lassen gewissermaßen drei Stadien unterscheiden, nämlich: die
Anfertigung der Stiele oder Träger für den Kohlenfaden, da nur die wenigsten Fabriken die Platindrähte
unmittelbar in die Glaskugel einschmelzen, die Herstellung der Glaskugel oder Glasbirne und die Vereinigung beider. Die Glasarbeiten können zweckmäßig
mit Benützung der von F. Wright und Mackie gebauten Glasblasmaschine ausgeführt werden, zu deren
Bedienung Knaben ausreichen. Die Maschine, ihrem
äußeren Ansehen nach ähnlich einer Drehbank, besteht
aus einem horizontalen Bette A (Fig. 37), welches einen
verschiebbaren Drehknopf D und einen horizontal verschiebbaren E trägt. Durch diese Drehknöpfe gehen
hohle Wellen, die an den einander gegenüberstehenden
Enden mit Klemmknöpfen BC ausgerüstet sind. Die
beiden Wellen erhalten durch eine dritte Welle W
ihren Antrieb, indem Zahnräder dieser Welle in die
Zahnräder der erstgenannten Wellen entsprechend
eingreifen. Damit beim Verstellen des Drehknopfes E
die Drehung nicht aufgehalten wird, ist das entsprechende Hilfszahnrad in einer Nut auf der Welle W
verschiebbar. Aus dem Behälter R wird komprimierte
Luft in die hohlen Wellen geleitet und kommt durch
diese in die Glasröhre. Wird letztere unter ununter-
brochener Drehung von der Stichflamme F erhitzt, so
besorgt die komprimierte Luft das Aufblasen der Kugel.
Die Gestaltung derselben hat man dadurch in der
Hand, daß die Stichflamme auf ihrem Support nach
allen Richtungen hin bewegt werden kann. Ein Knabe
kann mit dieser Maschine 250 bis 300 Kugeln per Tag
herstellen.

Beim Einsetzen der Kohlenfäden in die Glaskugel verfährt man in folgender Weise: Die Drähte,
welche den Kohlenfaden tragen, werden zunächst in
einem Glasstöpsel eingeschmolzen (Fig. 38, 1), dann

Fig. 37.

in die Lampenkugel eingesetzt (2) und mit dem Halse
derselben verschmolzen (3). Zur Herstellung dieses
Glaskörpers werden zylindrische Röhren (4) von 230 mm

Länge und 20 *mm* Durchmesser in der Mitte zu einem
dünnen Rohre ausgezogen und dann an den dicken

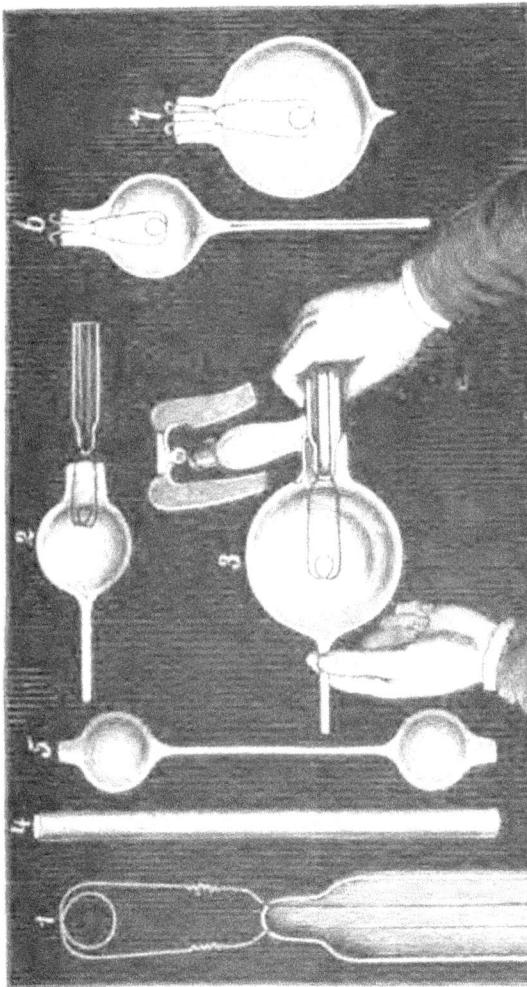

Fig. 38.

Enden derselben Kugeln angeblasen (5). Die beiden
Kugeln werden voneinander durch Abbrechen der sie
verbindenden Glasröhre getrennt. Nach dem Einsetzen

des Kohlenfadens in die Glaskugeln hat die Lampe
die in Fig. 38, 6 abgebildete Form.

Die Luftpumpen. Ist die Herstellung der Lampe
so weit fortgeschritten, so kommt die Lampe in jenen
Raum der Fabrik, in welchem die Quecksilberluft-
pumpen aufgestellt sind. Ein möglichst vollständiges
Entfernen der Luft aus dem den Kohlenfaden umgebenden Glaskörper ist unerläßlich, wenn nicht der
Kohlenfaden in kürzester Zeit zu Grunde gehen soll.
Um eine so hohe Verdünnung der Luft, ein sogenanntes
Vakuum herzustellen, reichen die zu anderen Zwecken
häufig angewandten Luftpumpen nicht aus. Diese gestatten selbst bei vorzüglicher Bauart doch nur, eine
Verdünnung der Luft bis zu einem Drucke von 2 oder
1·5 *mm* Quecksilbersäule zu erreichen; aus diesem Grunde
mußte man sich zur Anwendung der Quecksilberluft-
pumpen entschließen. Man hat deren von zweierlei
Bauart; die eine beruht auf Anwendung der Barometerleere, die andere auf der saugenden Wirkung eines
durch eine Röhre herabfallenden Quecksilberstrahles.
Erstere ist in der von Geißler (1855) erfundenen
Form vielfach in Anwendung, letzterer hat Sprengel
(1865) eine brauchbare Form gegeben; die Geißlersche Pumpe hat überdies später Töpler in der Weise
umgeändert, daß die Hähne überflüssig wurden. Da
aber die Quecksilberpumpen aller drei Formen nur für
den Laboratoriumsgebrauch zu wissenschaftlichen Untersuchungen bestimmt waren, mußten sie, um ein fabriks-
mäßiges Arbeiten zu ermöglichen, noch verschiedene
Abänderungen erleiden.

Beginnen wir mit der Quecksilberpumpe von
Sprengel, welche in zwei Modellen in den Fig. 39
und 40 abgebildet ist. Der mit Quecksilber gefüllte
Trichter *S* (Fig. 39) ist durch ein Stück Kautschukschlauch mit einer Glasröhre *F*, welche starkwandig
ist, aber eine geringe lichte Weite besitzt und mit
ihrem unteren Ende in das Gefäß *K* taucht, verbunden;

über den Kautschukschlauch ist ein Quetschhahn geschoben und unterhalb der Verbindungsstelle von
Trichter und Röhre an letztere seitlich ein Rohr angeschmolzen. Öffnet man den Quetschhahn, so fließt
das Quecksilber aus dem Trichter nicht in einem un-
unterbrochenen, die Röhre F ganz erfüllenden Strahle

Fig. 39.   Fig. 40.

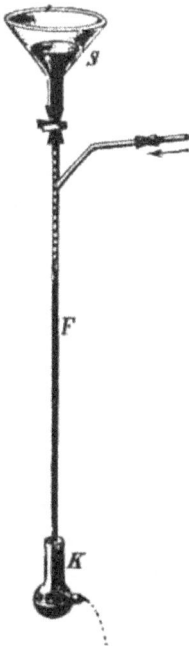
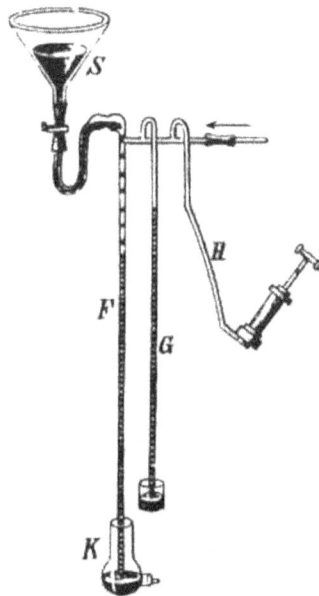

nach K ab, sondern löst sich in einzelne Tropfen auf,
welche durch Luftblasen, die durch das Seitenrohr
eindringen, voneinander getrennt sind. Jeder Tropfen
bildet gewissermaßen eine Art Kolben, der die Luft
durch sein Gewicht durch das Rohr F hinabpreßt. Das
in F fallende Quecksilber übt also eine Saugwirkung
aus, und wenn daher das seitliche Rohr mit einem

geschlossenen Gefäße, einem Rezipienten, in Verbindung steht, so wird dieser nach und nach luftleer gemacht. In Fig. 40, welche ein etwas abgeändertes Modell darstellt, sind dieselben Teile mit demselben Buchstaben bezeichnet. Das seitlich in das Fallrohr F eingesetzte, zum Rezipienten führende Rohr steht aber überdies noch mit der Röhre G in Verbindung, welche durch den Stand der darinnen befindlichen Quecksilbersäule den Verdünnungsgrad im Rezipienten erkennen läßt, und ist durch die Röhre H mit einer gewöhnlichen Luftpumpe verbunden, welche dazu dient, um anfangs die Luft im Rezipienten in rascherer Weise verdünnen zu können.

Sprengelsche Luftpumpen wurden z. B. zur Erzeugung von Edison-Lampen in der Fabrik zu Jvry in Verwendung genommen. Die Anordnung ist derart getroffen, daß stets gleichzeitig 450 Lampen ausgepumpt werden können. Die Pumpen sind in einem großen Saale der Reihe nach an vertikalen Holzwänden befestigt, wie dies Fig. 41 für eine derselben zeigt. Oberhalb und unterhalb der Holzwände laufen horizontale eiserne Röhren DD und $D'D'$, welche das Quecksilber den Luftpumpen zuführen, beziehungsweise von ihnen ableiten. Diese beiden Röhren münden in je einen mit Quecksilber gefüllten Behälter; der obere Behälter steht mit dem unteren durch ein großes, schief liegendes Rohr in Verbindung, in welchem eine Archimedes-Schraube durch einen Motor in Bewegung gesetzt wird. Die Schraube sorgt auf diese Art dafür, daß das Quecksilber aus dem unteren Behälter ununterbrochen in den oberen übergeführt wird.

Vom oberen Behälter aus verteilt sich das Quecksilber durch das horizontale Eisenrohr DD auf die damit verbundenen vertikalen Kautschukrohre B der einzelnen Pumpen. Das Quecksilber fällt durch die Röhren AB hinab, fließt durch die geneigte Röhre bei C in das vertikale Rohr T. Wo die schiefe Röhre

in dieses einmündet, trifft das Quecksilber mit einer
Luftsäule zusammen und reißt in seinem Falle durch
das beiläufig 80 cm lange Rohr TB' Luft in Blasenform

Fig. 41.

mit. So wird der Raum des Rohres, welcher sich
oberhalb der Einmündungsstelle der schiefen Röhre
befindet, nach und nach der ihn erfüllenden Luft be-
raubt oder ausgepumpt. Das Rohr T setzt sich nach

oben in die umgebogene Röhre S fort, welche in den Behälter R ausmündet. Dieser enthält wasserfreie Phosphorsäure, um Feuchtigkeit zu absorbieren und ist bei O mit einem Ansatze versehen, in welchem die Lampe L durch das zum Aussaugen der Luft bestimmte Glasröhrchen mittels Kautschukpfropfens luftdicht befestigt wird. Es ist selbstverständlich, daß durch diese Verbindung der Lampe mit dem Fallrohre T auch aus der Lampe die Luft ausgepumpt werden muß. Der Kohlenfaden der Lampe ist mit einem Stöpselumschalter und einem Rheostaten F in den Stromkreis einer Elektrizitätsquelle eingeschaltet.

Zu Beginn des Auspumpens sind sämtliche Widerstände F eingeschaltet und geht daher ein verhältnismäßig schwacher Strom durch den Kohlenfaden. Je weiter aber die Verdünnung fortschreitet, desto mehr Widerstände schaltet man aus und läßt schließlich bei Ausschaltung sämtlicher Widerstände den Strom in voller Stärke durchgehen, wenn die Verdünnung der Luft die gewünschte Höhe erreicht hat. Leuchtet dann die Lampe mit der geforderten Stärke, so unterbricht man das Auspumpen, indem man den Quecksilberzufluß durch Schließen des Hahnes D absperrt.

Um die Lampe zu vollenden, hat man sie nun noch vollkommen zu verschließen, was durch Abschmelzen des Röhrchens bei a mit Hilfe einer Stichflamme bewirkt wird. Die Lampe ist dann bis auf die Ausrüstung mit den notwendigen Ansatzteilen zum Gebrauche fertig.

Die Sprengelsche Luftpumpe ist auch noch in anderen Formen in den fabriksmäßigen Betrieb eingeführt worden. So hat z. B. Gimingham, um die Leistungsfähigkeit der Pumpe zu steigern, das Rohr für den Quecksilberzufluß nicht unmittelbar mit der Fallröhre verbunden, sondern zunächst in eine Art Verteilungskammer geführt; von dieser aus läßt er das Quecksilber dann nicht durch eine einzige Röhre, sondern durch fünf parallel miteinander verlaufende Röhren abfließen. Wir wollen aber auf diese Abänderungen um so weniger näher eingehen, als die nach Geißlerschem Muster verfertigten Pumpen für die in Rede stehenden Zwecke der eben beschriebenen ohnehin vorzuziehen sind.

Die Geißlersche Quecksilber-Luftpumpe beruht, wie bereits erwähnt wurde, auf der Anwendung der Barometerleere oder der Toricellischen Leere. Sie besteht dem Prinzipe nach aus zwei durch einen Kautschukschlauch miteinander verbundenen Gefäßen, von welchen das eine mit dem auszupumpenden Gefäße in Verbindung steht. Man hebt das eine Gefäß so lange, bis das darin befindliche Quecksilber alle Luft aus dem zweiten verdrängt und es ganz ausgefüllt hat. Dann wird dieses zweite Gefäß, welches bisher mit der freien Luft in Verbindung stand, von dieser abgesperrt und das andere Gefäß gesenkt. Es fällt dann das Quecksilber im zweiten Gefäß so lange, bis der Höhenunterschied zwischen den Quecksilberoberflächen beider Gefäße gleich ist dem jeweiligen Barometerstande, also beiläufig 760 *mm.* Auf diese Art ist also in dem unbewegt gebliebenen Gefäße ein leerer Raum, das Vakuum, entstanden, welches, mit dem auszupumpenden Gefäße in Verbindung gesetzt, aus diesem die Luft aussaugen muß. Die Luft wird also verdünnt, und diese Verdünnung kann, weil sich der eben beschriebene Vorgang beliebig oft herbeiführen läßt, auch außerordentlich weit getrieben werden, d. h. man erhält ein sehr gutes Vakuum, wie ein solches mit der Sprengel-Pumpe nicht erhalten werden kann, da in dieser bei fortgeschrittener Luftverdünnung die Quecksilbertropfen nicht mehr im stande sind, die sehr verdünnte Luft mit sich fortzureißen.

Die Abänderung, welche Töpler an der Geiß-lerschen Pumpe gemacht hat, um die Hähne zu beseitigen, ist aus dem in Fig. 42 dargestellten Modelle

ersichtlich. Seine Wirkungsweise ist folgende: Hebt
man das mit Quecksilber gefüllte Gefäß *S*, so fließt
das Quecksilber durch den Kautschukschlauch *g* in
das Barometerrohr *B* und erfüllt das Glasgefäß *A*,

Fig. 42.   Fig. 43.

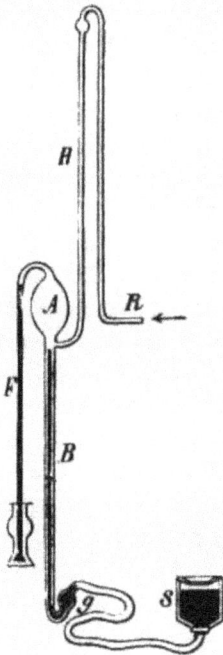
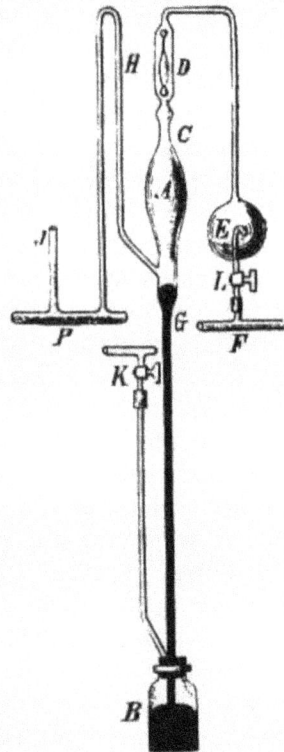

indem es die Luft durch das Rohr *F*, welches mit
seinem Ende in Quecksilber taucht, austreibt. Unterhalb der Birne *A* mündet das zum Rezipienten führende
Rohr *HR* ein. Senkt man hierauf das Gefäß *S* so weit,
daß der Abstand seiner Quecksilberoberfläche von der
genannten Abzweigungsstelle beiläufig dem jeweiligen

Barometerstande gleichkommt, so müßte in A ein
Vakuum entstehen, wenn dieses Gefäß vollkommen
abgeschlossen wäre; da es aber durch das Rohr HR
mit dem Rezipienten in Verbindung steht, so wird
natürlich nur eine teilweise Luftverdünnung eintreten,
die aber durch Wiederholung des Vorganges immer
weiter getrieben werden kann. Die Hähne sind bei
dieser Pumpe darum überflüssig, weil das Quecksilber
selbst die Verbindungen des Gefäßes A mit der äußeren
Luft einerseits und mit dem Rezipienten anderseits
rechtzeitig herstellt, beziehungsweise unterbricht. Daß
bei dieser Anordnung die Röhren F und HR etwas
länger sein müssen, als dem Barometerstande entspricht,
ergibt sich wohl aus der aufmerksamen Betrachtung
der Figur von selbst.

Eine jener Formen, welche die Geißlersche,
beziehungsweise Geißler-Töplersche Pumpe in der
Praxis erhalten hat, ist z. B. die ihr von Swinburne
gegebene und in Fig. 43 abgebildete. Die Pumpe besteht aus einem Gefäße A, welches durch ein langes
Rohr G mit der Flasche B in Verbindung steht; das
Rohr geht luftdicht durch den Hals der Flasche und
reicht bis auf deren Boden. Wird daher durch K komprimierte Luft zugeführt, so muß das Quecksilber
durch G nach A gerade so aufsteigen, als wenn das
Gefäß B gehoben würde. Die oben von A ausgehende
Röhre ist kugelförmig erweitert und bildet darüber
die Ventilkammer D, welche durch ein Rohr mit der
Kugel E verbunden ist, die ihrerseits wieder unter
Vermittlung des Hahnes L mit der Vakuumröhre F
in Verbindung gesetzt werden kann. Die bei G seitlich
angesetzte Röhre H führt zu dem mit Phosphorsäure
gefüllten Gefäße P und ist durch J mit den auszupumpenden Lampen verbunden; jede dieser Pumpen
arbeitet gleichzeitig auf 10 bis 12 Lampen.

Sind die Lampen angeschmolzen, so wird zunächst
durch eine mechanische Pumpe die Luft aus den mit

F verbundenen Quecksilber-Luftpumpen und den dazu gehörigen Lampen bei offenem Hahne L durch das feine gebogene Rohr in E ausgesaugt, bis der innere Luftdruck etwa auf 10 bis 12 mm gesunken ist und das Quecksilber in G die aus der Figur ersichtliche Höhe erreicht hat. Hierauf wird das Auspumpen mit Hilfe der Quecksilber-Luftpumpen fortgesetzt, die ganz in der an Fig. 42 erläuterten Weise arbeiten, nur mit dem Unterschiede, daß an Stelle des Hebens und Senkens eines Gefäßes der Druck der komprimierten Luft wirkt oder aufgehoben wird. Die Anschwellung C und die darauf folgende Verengung des Verbindungsstückes zwischen A und der Ventilkammer D (Fig. 43) hat den Zweck, ein zu heftiges Hinaufschießen des Quecksilbers zu verhindern und dadurch einen Bruch zu verhüten.

Die Bewegung des Quecksilbers in der Pumpe oder des einen Gefäßes mit dem Quecksilber kann natürlich auch in irgend einer anderen entsprechenden Weise bewerkstelligt werden. So hat z. B. Smith*) vorgeschlagen, das eine Gefäß durch Schnurlauf und Rolle mit einem hydraulischen Motor einfachster Form zu verbinden und durch diesen das Heben und Senken des Gefäßes auszuführen.

In Fig. 44 ist eine Verbindung der Pumpen beider Systeme (Sprengel und Geißler) dargestellt, wie sie Edison zur Anwendung brachte. Auf dem vertikalen Holzbrette I stellt das linksseitige Röhren- und Gefäß-System die Geißlersche,' das rechtsseitige die Sprengelsche Luftpumpe und das mittlere eine Meßvorrichtung dar. Betrachten wir zunächst die Geißlersche Luftpumpe. Die Hauptbestandteile derselben sind das Glasgefäß A, in welchem das Vakuum erzeugt wird, die unten an dieses angeschmolzene Glasröhre B mit ihrer Fortsetzung in Form eines Kautschukrohres, welches in die Flasche d mündet, die

---

*) Phil. Mag., Vol. XXV (1883), p. 313.

Überfallsröhre *D* angeschmolzen am oberen Teile des
Gefäßes *A*, der Glas- oder Stahlhahn *E*, die Verbin-
dungsröhre *F* mit dem Trockengefäße *G*, und endlich
die von hier ausgehende, mit einem Hahne versehene
Röhre, an deren gabelförmige Ausläufer die auszupumpenden Glühlampen *H* angeschmolzen sind. Der
Hahn *E* dient dazu, die Verbindung des Gefäßes *A*

Fig. 44.

mit den zu evakuierenden Glühlampen herzustellen oder
zu unterbrechen.

Die Sprengelsche Pumpe wirkt aber in folgender Weise: Aus dem Behälter *L* fließt das Quecksilber durch die Röhre *M* und das zweimal gebogene
Rohr *N* in die Fallröhre *O* ab, gelangt dann in das
Gefäß *P* und von hier in die Sammelröhre *K*. Hierbei
reißt der Quecksilberstrahl die Luft aus dem Gefäße *Q*
mit und saugt vermöge der Verbindung *GH* dieses
Gefäßes mit den Lampen auch aus den letzteren die
Luft aus.

Da es sehr wichtig ist, die Lampen bei einem bestimmten Verdünnungsgrade der Luft abzuschmelzen, so hat man auf verschiedene Mittel gedacht, um das Fortschreiten der Verdünnung messend zu verfolgen. Am besten erreicht man diesen Zweck mit der von Mac Leod angegebenen Vorrichtung, welche durch das Röhren- und Gefäß-System in der Mitte des Brettes *I* dargestellt ist.

Dasselbe besteht aus einer Glaskugel *a*, welche oben ein an der Spitze zugeschmolzenes Glasrohr *b*, an der unteren Seite das Rohr *c* trägt, welches in eine mit der Flasche *c* verbundene Kautschukröhre ausgeht. Gleich unterhalb der Kugel *a* zweigt sich von der Röhre *c* eine nach aufwärts gehende, durch das Trockengefäß mit den Pumpen und Lampen in Verbindung stehende Röhre *e* ab. Die Röhre *c*, von der Abzweigungsstelle der Röhre *e* nach unten zu gemessen, hat gleichfalls eine Länge nahezu entsprechend dem mittleren Barometerstande. Der obere, eigentlich zum Messen dienende Teil des ganzen Apparates ist in Fig. 45 in größerem Maßstabe gezeichnet. Wird nun die Luft in den Pumpen und den mit diesen in Verbindung stehenden Räumen verdünnt, so preßt der auf den Quecksilberspiegel in der Flasche *c* wirkende äußere Luftdruck das Quecksilber in die Röhre *c* hinauf, und durch die Höhe dieser Quecksilbersäule kann der jeweilig in den Lampen herrschende Luftdruck gemessen werden. Ist die Luft aus den Lampen nahezu, etwa bis zu einem Drucke von 1 *mm* Quecksilbersäule, ausgepumpt, so steht das Quecksilber in der Röhre *c* nahe der Abzweigungsstelle des Rohres *e*. Eine weitere Abnahme des Druckes in der abgegebenen Weise zu messen, wird nun unmöglich, einmal weil die Oberfläche der Quecksilbersäule keine ebene, sondern eine gekrümmte ist, und ferner, weil man Bruchteile von Millimeter auf diese Art nicht bestimmen kann. Um unter diesen Umständen zu messen, hebt man die

Flasche *c*, wodurch man das Quecksilber veranlaßt, in die Kugel *a* einerseits und das Rohr *e* anderseits zu steigen. (In der Fig. 45 ist die Kugel mit *V* und das Rohr mit *p* bezeichnet.) Sobald aber das Quecksilber die Abzweigungsstelle der oberen Röhre (unterhalb der Kugel) passiert hat, sperrt es die Verbindung zwischen der Luft in der Glaskugel *a* und den Pumpen ab. Das Quecksilber preßt daher die Luft, welche noch in der Glaskugel und dem darauf geschmolzenen Glasröhrchen war, in ein sehr kleines Volumen des letzteren zusammen, während die Luft aus der Röhre *e* in die übrigen Teile der Pumpen zurückweichen kann; hier findet sie einen verhältnismäßig so großen Raum, daß die hierdurch bewirkte Verdichtung der Luft absolut unmeßbar ist. Anders verhält es sich aber mit der Kugel *a*; hier wird aus dem verhältnismäßig großen Raum der Kugel die Luft in den sehr kleinen Raum eines Teiles der Röhre *b* zusammengedrückt, folglich muß der Druck in diesem Raume bedeutend zunehmen. Dies zeigt sich auch in der Tat dadurch, daß das Quecksilber in der Röhre *e* bedeutend höher steigt als in dem Röhrchen *b*. Ist nun das Volumen der Kugel samt dem des Röhrchens bekannt, und ebenso das Volumen, auf welches die Luft im Röhrchen zu sammengedrückt wurde, so kann man durch Messung der Quecksilbersäule in der Röhre *e* (von der Oberfläche des Quecksilbers in dem Röhrchen *b* an gerechnet) den Luftdruck in den Pumpen erfahren, denn man hat, wenn *V* das Volumen der Kugel, *v* das des Röhrchens, *x* der unbekannte Druck und *p* die Höhe der Quecksilbersäule in der Röhre *e* bedeutet, als Be-

Fig. 45.

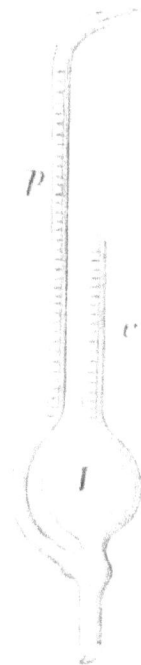

dingung für das Gleichgewicht die Gleichung:
$$(V + v)\, x = v\, (p + x)$$ und daraus

$$x = \frac{v}{V}\, p.$$

Das Verhältnis $\frac{v}{V}$ ist natürlich im vorhinein bestimmt worden, so daß man, um den jeweiligen Luftdruck in den Pumpen zu erfahren, nur die Höhe der Quecksilbersäule in der Röhre e zu messen braucht. Da $\frac{v}{V}$ ein echter Bruch ist, z. B. $^1/_{10}$, $^1/_{100}$ u. s. w., so ergibt sich, daß die gemessene Quecksilbersäule das 10fache, 100fache u. s. w. des wirklichen Druckes anzeigt, daß also auf diese Art Bruchteile eines Millimeter leicht und genau gemessen werden können.

Mit dem eben erklärten Quecksilbermanometer ist noch eine weitere Einrichtung verbunden, um dem Arbeiter den Zeitpunkt anzuzeigen, in welchem die Verdünnung der Luft in den Lampen hinreichend weit fortgeschritten ist. Das Manometer endet nämlich oben in eine kleine Glaskugel g, in welche zwei einander gegenüberstehende Platindrähte eingeschmolzen sind. Der Zwischenraum zwischen beiden in der Glaskugel g befindlichen Enden der Platindrähte bildet eine Unterbrechungsstelle in dem Stromkreise $(+ -)$ einer Elektrizitätsquelle; in denselben Stromkreis sind auch die zu evakuierenden Lampen geschaltet. Die Länge der Röhre e ist nun so gewählt, daß das Quecksilber eben bei jener Verdünnung der Luft in den Lampen die Platindrähte erreicht, welche man zu erhalten wünscht. Dann stellt das Quecksilber die Verbindung zwischen beiden Drahtenden her, schließt den Stromkreis und bringt die Kohlenfäden in den Lampen zum Glühen. Der Arbeiter ersieht daraus, wann er die Lampen durch Abschmelzen der Röhrchen in der Ansatzgabel von der Pumpe abnehmen kann.

Die vorhin erwähnte mechanische Pumpe kann
für den speziellen Zweck die denkbar einfachste Konstruktion besitzen, wie dies die in Fig. 46 dargestellte,
eigens hierfür angefertigte Pumpe zeigt. Sie ist eine
einfach wirkende Pumpe; die obere Kappe dient der
Kolbenstange nur als Führung und besitzt keine Stopf-
büchse. Über dem Kolben befindet sich eine Schichte
Öl, welche den dichten Abschluß sichert und gleich-

Fig. 46.   Fig. 47.

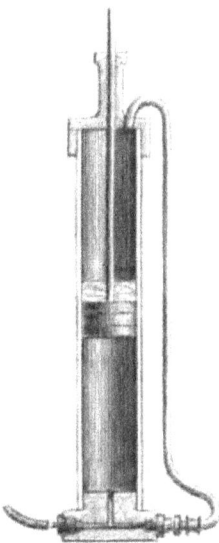
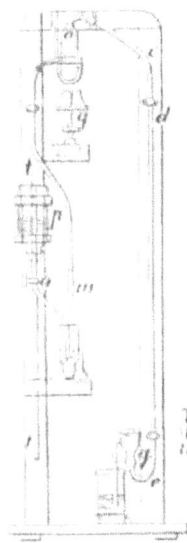

zeitig für eine ausgiebige Schmierung sorgt. Auf dem
Boden befindet sich ein Ventil aus Wachstaffet. Das
gebogene Rohr dient besonders dazu, etwa in den
unteren Teil des Pumpenstiefels und besonders auch
in die Rohrleitung gelangtes Öl wieder auf den Kolben
zurückzuführen.

Da die vollkommene Reinheit des Quecksilbers
eine Hauptbedingung für ein erfolgreiches Arbeiten mit
Quecksilber-Luftpumpen ist, so kommt man häufig in

die Lage, Quecksilber reinigen zu müssen. Vollkommen
gelingt dies jedoch weder durch Filtrieren durch ein
fein durchstochenes Papierfilter, noch beim Durch-
pressen durch Leder und auch sogar durch Waschen
mit Säuren nicht. Wirklich rein erhält man es nur
durch Destillation. Man füllt zu diesem Behufe das
Quecksilber in eiserne Retorten und bringt, um das
Spritzen und Stoßen zu vermeiden, Eisendrehspäne
dazu und verbindet die Retorte mit einer Konden-
sationsvorrichtung. Zweckmäßiger ist es jedoch, die Destillation im luftverdünnten Raume vorzunehmen.

Ein sehr einfacher, zweckmäßiger Apparat ist
von Nebel*) konstruiert worden. Er besteht im wesentlichen aus zwei Barometern, die durch ein retorten-
ähnliches Gefäß a (Fig. 47) miteinander verbunden
sind, und zwar mündet das erste Barometer m seitlich
in den weiten Teil der Retorte a, während das zweite
c d e die Fortsetzung des Retortenrohres bildet. Der
ganze Apparat zeichnet sich durch die Abwesenheit
von Schliffen, Hähnen, Kautschukröhren und Fett aus.
Die Beschickung wird bewerkstelligt, indem man das
Ende des zweiten Barometers durch Einsetzen eines
eingeschliffenen Glasrohres u an der Stelle g durch
einen Kautschukschlauch mit einer Luftpumpe in Verbindung setzt und durch Auspumpen das erste Barometer herstellt, wobei sich infolge entsprechend be-
messener Dimensionen die Retorte a ungefähr bis zur
Hälfte füllt. Durch Erwärmen derselben mit dem Gas-
brenner g beginnt nach einiger Zeit das Quecksilber
in das zweite Barometer d e hinüber zu destillieren,
welches zugleich als Sprengelsche Pumpe wirkt, so
daß stets ein gutes Vakuum bleibt. Der Quecksilber-
stand im ersten Barometer wird selbsttätig von einem
Gefäße p aus unverändert erhalten, so daß man nur

---

*) Repert. der Phys , Bd. XXIII (1887), S. 236. Vergl. Elektrotechnische
Zeitschrift, Bd. VIII (1887), S. 298. — Zentralblatt für Elektrotechnik, Bd. IX
(1887), S. 334. Ferner »The Electrician«, XVIII (1887), p. 368.

nötig hat, alle zwei bis drei Tage in p Quecksilber nach-
zufüllen, während der Betrieb außer dem Anzünden
und Auslöschen der Gasflamme keiner weiteren Wartung
bedarf.

In einer Stunde erhält man 500 – 600 g Quecksilber. Um gleich bei der ersten Destillation reines
Quecksilber zu erhalten, ist es zweckmäßig, das zu
reinigende Quecksilber vorher in Schwefelsäure und
hierauf in Wasser zu waschen und schließlich mit
Fließpapier sorgfältig zu trocknen.

Wenngleich in der Glühlampenerzeugung bisher
die Anwendung der Quecksilberluftpumpe vorwiegend
ist, hat es doch nicht an Bestrebungen gefehlt, die
mechanische Luftpumpe derart auszubilden, daß auch
mit ihrer Hilfe ein so hoher Grad der Luftverdünnung
erreicht werden kann, als für die Glühlampen erforderlich ist. Tatsächlich ist es auch den diesbezüglichen
Bemühungen A. Berrenbergs bereits gelungen, eine
Pumpeneinrichtung zu schaffen, die allem Anscheine
nach an Leistungsfähigkeit und jedenfalls in gesundheitlicher Beziehung die Quecksilberluftpumpe übertrifft.*) Berrenberg hat die schwierige Aufgabe, eine
für den praktischen Betrieb ausreichende Dichtigkeit
zu erzielen, in der Weise erreicht, daß er fast sämtliche vakuumführende Teile, und zwar nicht nur die
Pumpenzylinder, sondern auch Hähne und Rohrleitungen
in Öl einschließt, das unter Druck steht. Die Berren-
bergsche Luftpumpe besteht der Hauptsache nach
aus einer Ölpumpe, einer Vorpumpe, einer Feinpumpe
und der Rohranlage. Die Ölpumpe besteht aus zwei
rotierenden Pumpen, die in einen mit Öl gefüllten
gußeisernen Behälter eingesetzt und derart verbunden
sind, daß die eine aussetzt, wenn die andere arbeitet
und umgekehrt. Die synchrone Drehung erfolgt durch
eine für beide Pumpen gemeinsame Welle und mit

---

*) Electrician, Bd. XLIV (1900), S. 35. — Elektrotechnische Zeitschrift,
XXI (1900), S. 214.

Zahnradübersetzung. Durch die Pumpen wird das Öl
aus dem großen Behälter zunächst in einen Akkumu-
lator geschafft, d. h. in einen gußeisernen Zylinder,
dessen Kolben durch schwere Gewichte belastet ist
und gelangt erst dann durch starke Rohrleitungen zur
Vorpumpe und Feinpumpe, wo es die Bewegung der
Luftpumpenkolben zu besorgen hat, um hierauf wieder
zur Ölpumpe zurückzukehren.

Die Vorpumpe besteht aus zwei Pumpenpaaren,
die gleichfalls in einem großen Ölbehälter stehen. Jede
dieser vier Pumpen besitzt zwei übereinander angeordnete Zylinder mit zwei Kolben, welche durch eine
gemeinsame Kolbenstange untereinander verbunden
sind. Der untere Zylinder samt Kolben bildet die
eigentliche Luftpumpe, während der obere Zylinder,
mit dem auch eine Steuerung verbunden ist, welche
das Öl abwechselnd über und unter dem Kolben ein-
fließen läßt, also ähnlich wie der Zylinder einer Dampfmaschine arbeitend, die Bewegung der Pumpe besorgt.
Das Arbeiten aller vier Pumpen erfolgt im innigen
Zusammenhange untereinander, und zwar einerseits derart, daß in den Pumpen 1 und 3 die Stempelstangen ihre
höchste Lage im selben Augenblicke erreichen, in
welchem die Stempelstangen 2 und 4 in ihrer tiefsten
Lage angelangt sind, und anderseits arbeiten die
Pumpen 1 und 4 sowie 2 und 3 so zusammen, daß
das aus dem oberen Zylinder der einen Pumpe ab-
fließende Öl den Kolben der anderen Pumpe abwärts
treibt. In der eigentlichen Luftpumpe gelangt beim
Abwärtsgehen des Kolbens die vorher durch die Rohrleitung angesaugte Luft zunächst in den Hohlraum
des Kolbens, dann durch die hohle Kolbenstange in
den unteren Ölraum des oberen Zylinders, aus welchem
sie mit dem durch die Steuerung fließenden Öl in
den großen Ölbehälter geschafft wird, um endlich aus
diesem in Blasenform nach außen zu entweichen. Da
auch in den unteren Pumpenzylinder stets etwas Öl

eintritt, so wird beim Abwärtsgehen des Kolbens die
Luft vollständig ausgetrieben, weil alle Zwischenräume
zwischen Kolben und Zylinderboden durch das Öl
ausgefüllt werden.

Die an die unteren Pumpenzylinder angeschlossenen
Vakuumrohrleitungen sind durch Anschlußbüchsen
einerseits mit der Vakuumrohrleitung der Arbeits-
plätze und anderseits mit der Feinpumpe verbunden.

Fig. 48.

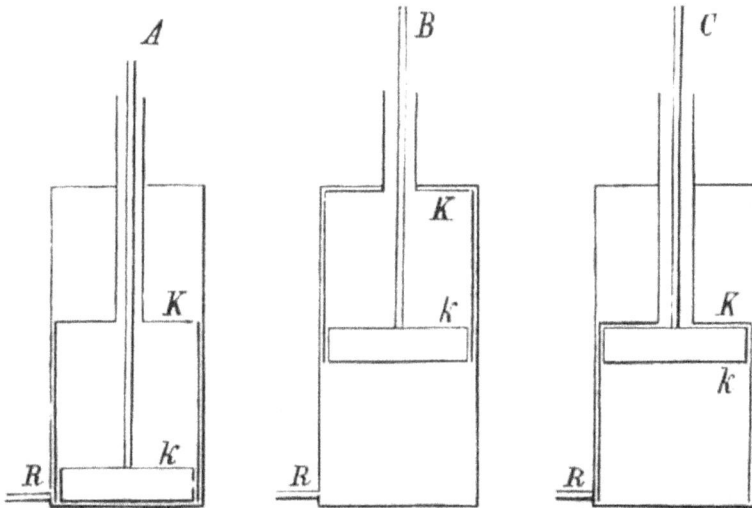

Der erste Anschluß wird zur groben Auspumpung der
Lampen benützt, der zweite Anschluß zur Hintereinanderschaltung der Grob- und Feinpumpe behufs vollständiger Auspumpung der Lampen.

Die Feinpumpe wird aus zwei gleichen, zusammen
arbeitenden Pumpen gebildet, deren untere Zylinder
mit je zwei ineinander befindlichen Kolben derart
ausgerüstet sind, daß der äußere Kolben den Zylinder
für den inneren Kolben bildet, also letzterer im ersteren auf und ab bewegt werden kann. Die Kolben-

stangen sind gleichfalls ineinander geschoben und in zwei übereinander und über dem Pumpenzylinder angebrachten Zylindern mit Kolben versehen, welche wie bei der Grobpumpe im Vereine mit dem durch die zugehörige Steuerung geregelten Ölzu- und Abfluß die Bewegung der Feinpumpe besorgen. Das Spiel der Kolben in der Feinpumpe aber erfolgt in drei Absätzen, welche die schematische Fig. 48 versinnlichen soll. Nimmt man als Anfangsstellung A jene an, bei welcher der äußere Kolben K und der innere Kolben k auf dem Boden des Zylinders aufsitzen, also ihre tiefste Stellung einnehmen, so bewegen sich im ersten Absatze beide Kolben nach aufwärts bis in ihre höchste Lage, Fig. 48 B, so daß dann der äußere Kolben K am Zylinderdeckel fest anliegt; hierbei wird Luft aus der Rohrleitung R in den unteren Zylinderraum gesaugt. Im zweiten Abschnitte, Fig. 48 C, geht der äußere Kolben K nach abwärts, während der innere Kolben k stehen bleibt; die Verbindung des unteren Zylinderrandes mit der Rohrleitung wird im selben Augenblicke abgeschlossen und die vorhin angesaugte Luft tritt in den Innenraum des äußeren Kolbens. Da der Kolben k aber hierbei bis zum festen Anliegen an k gelangt, wird gleichzeitig die zwischen K und k befindlich gewesene Luft in den oberen luftentleerten Zylinderraum gepreßt. Im dritten Absatze wird der Kolben K nach abwärts gedrückt, bis er seine tiefste Lage erreicht, Fig. 48 A, und hierdurch Luft aus dem unteren Zylinderraum in den vorher evakuierten Raum zwischen beiden Kolben K und k gedrückt. Das Übertreten der Luft von dem einen in den anderen Raum erfolgt in den verschiedenen Absätzen durch entsprechend angebrachte Ventile und wird das Zusammenarbeiten beider Pumpen durch die zugehörigen Steuerungen für den Ölzu- und Abfluß in die Zylinder der die Pumpen treibenden Kolben geregelt.

Die von beiden Feinpumpen kommenden Vakuumröhren sind miteinander zu einem Hauptrohre verbunden, welches unter Vermittlung eines Zweiweg-
hahnes die eine oder die andere Hälfte der Rohranlage
mit der Feinpumpe zu verbinden gestattet. Vom Hauptrohre zweigen dann die Anschlußrohre ab, die zu den
einzelnen Arbeitsplätzen führen. Sämtliche Rohrleitungen bestehen aus konzentrisch ineinander ge-
steckten Röhren und wird der Zwischenraum zwischen
den äußeren und inneren Röhren durch Öl ausgefüllt,
welches unter Druck steht.

Die Vorpumpe arbeitet gewöhnlich auf die eine
Hälfte der Rohranlage, während die Feinpumpe auf
die andere Hälfte, die bereits vorher an die Vorpumpe angeschlossen war, arbeitet, wobei der Aus-
puff der Feinpumpe in die eine Pumpengruppe der
Vorpumpe erfolgt. Beim praktischen Betriebe dauert
die Luftentleerung für 40 Arbeitsstellen mit je zwölf
Lampen ungefähr 20 Minuten und wird hierbei der
gewöhnliche Atmosphärendruck auf ungefähr $1/1000000$
Atmosphäre herabgedrückt.

Die in England unter dem Namen *Berrenberg
Electric Lamp Syndicate (Limited)*« gegründete Gesellschaft hat bei London eine Glühlampenfabrik errichtet,
welche wöchentlich 40.000 Glühlampen herzustellen
vermag, die sich durch einen geringen Stromverbrauch
(ungefähr 2·5 W für die Kerze) auszeichnen und gut
halten; der Niederschlag an der Innenfläche der Birne
ist ein sehr geringer.

Um endlich auch noch einer chemischen Art der
Luftentleerung Erwähnung zu tun, wird bemerkt, daß
die Berliner Allgemeine Elektrizitäts-Gesell-
schaft nach dem Verfahren von Malignani die
letzten Sauerstoffspuren aus den Glühlampen durch
Phosphordämpfe verdrängt, wodurch eine so hohe
Luftleere erreicht wird, wie eine solche mit der
Quecksilberpumpe nicht zu erlangen ist.

Im Anschlusse an die Beschreibung der Neuherstellung von Glühlampen möge auch noch eines Verfahrens zur **Verwertung** oder **Wiederherstellung ausgebrannter Glühlampen** gedacht werden. Zwar hat es an diesbezüglichen Versuchen *) nicht gefehlt, doch ist über praktische Betriebe solcher Verfahren wenig bekannt geworden. Über eines derselben, nämlich das Möhrlesche, teilten Fleischhacker & Co.**) mit, daß es von ihnen in Dresden-Pieschen fabriksmäßig eingeführt worden ist. Möhrle öffnet die Glasbirne an der Spitze, nimmt die durchgebrannte Kohle heraus, reinigt die Drahtenden und setzt dann neue Kohlenfäden unter Zuhilfenahme eines Kittes, der nebst Kohle auch Metallsalze, hauptsächlich Kupfersalze enthält, ein. Die Einkittungsstellen werden hierauf einer Art Verlötung unterworfen, indem man den betreffenden Draht an einen Pol einer entsprechenden Stromquelle legt und mit einem Stifte, der mit dem anderen Pole der Stromquelle in Verbindung steht, die Kittstelle berührt und hierauf in geringer Entfernung von derselben längs dieser hinfährt, also einen kleinen Lichtbogen darüberzieht. Die Öffnung in der Glasbirne wird dann verschmolzen und die Lampe in der gewöhnlichen Weise ausgepumpt.

VI.

Bogenlampen.

1. Die Bogenlampen in ihrer geschichtlichen Entwicklung.

Als Davy zuerst den Lichtbogen erzeugte, bediente er sich hierzu zweier Stäbchen aus Holzkohle. Diese brachten jedoch den Übelstand mit sich, daß

---

*) Elektrotechnische Zeitschrift, XVIII (1897), S. 778.
**) Elektrotechnische Zeitschrift, XIX (1898), S. 61.

äußerst schnell nach Entstehen des Bogens die Kohlen
so weit verbrannt und daher der Abstand ihrer Spitzen
so weit vergrößert war, daß der Lichtbogen den
Zwischenraum nicht mehr überspannen konnte und daher
erlosch, wenn man nicht durch stetes Nachschieben
der Kohlen mit der Hand für die Erhaltung einer nicht
zu großen Entfernung ununterbrochen Sorge trug. Diesen
Übelstand hat Leon Foucault im Jahre 1844 dadurch wesentlich verkleinert, daß er an Stelle der Holzkohle die viel konsistentere und daher langsamer ab-
brennende Retortenkohle anwandte. Immerhin mußte
aber bei der von ihm konstruierten Lampe die Entfernung der Kohlenspitzen mit der Hand reguliert
werden. Deleuil hatte schon im Jahre 1841 mit gewöhnlichen Kohlen in einem luftleer gemachten Behälter öffentlich die ersten Versuche mit elektrischem
Lichte gemacht. Er wiederholte sie dann mit Foucaults Lampe und Retortenkohlen auf der Place de
la Concorde in Paris. Es ist jedoch einleuchtend, daß
eine Lampe, die der steten Regulierung mit der Hand
bedarf, keinen praktischen Erfolg erzielen konnte.

Der Erste, welcher die Regulierung mit der Hand
durch eine automatische ersetzte, war Thomas
Wright in London im Jahre 1845. Bei seiner Lampe
ließ er den Lichtbogen zwischen zwei kreisrunden
Kohlenscheiben entstehen, welche er durch irgend einen
Mechanismus in Drehung versetzte. Die Lampe fand
jedoch keine Beachtung.

Ein wesentlicher Fortschritt in der Konstruktion
von Lampen datiert erst aus dem Jahre 1848. Leon
Foucault in Frankreich, Staite und Petrie in England kamen nämlich ziemlich gleichzeitig auf die Idee,
den Strom selbst zur Regulierung des Nachschubes
der Kohlenspitzen anzuwenden. Diese Idee gründet sich
auf die beiden Tatsachen, daß einerseits der Lichtbogen einen Teil des Stromkreises bildet und daher
die Stromstärke in demselben beeinflußt, anderseits

aber eine von einem Strome durchflossene Drahtspirale
einen Eisenkern magnetisiert und mit größerer oder
geringerer Kraft, je nach der Stärke des Stromes, denselben anzieht. Überträgt man nun dem Eisenkerne
die Bewegung der Kohlen und verwendet einen Strom
gleichzeitig zum Durchfließen der Drahtspirale und
zur Bildung des Bogens, so muß offenbar die stärkere
oder schwächere Anziehung des Eisenkernes und
somit die Bewegung der Kohle von der Stärke des
Stromes in der Spirale abhängen; da aber die Stromstärke durch den Lichtbogen verändert wird, so erfolgt
die Bewegung des Eisenkernes, also auch der Kohle,
entsprechend den Änderungen im Lichtbogen.

Foucaults Regulator, der noch hin und wieder
bei alten Projektionsapparaten Verwendung findet,
ist in Fig. 49 im Längsschnitte abgebildet. In dem
Kasten BB befinden sich zwei Uhrwerke, die von den
Federgehäusen L und L' ihre Bewegung erhalten.
Das Uhrwerk L läuft in das Sternrädchen o, das
Uhrwerk L' in das Sternrädchen o' aus. Zwischen
beiden Sternrädchen ist der Sperrzahn Tt, welcher
mit dem Hebel FX verbunden ist. Diesen sucht das
Solenoid E, dessen Anker das Hebelende F bildet,
nach der einen Richtung, die Feder R nach der entgegengesetzten Richtung zu drehen.

Halten sich die Federkraft und die Anziehungskraft des Solenoides das Gleichgewicht, so steht der
Sperrzahn Tt in der Mitte zwischen den beiden Stern-
rädern oo' und hemmt beide in ihrer Bewegung. Überwiegt die Federkraft, so ist das Rädchen o' und das
damit zusammenhängende Uhrwerk gehemmt, während
das Rädchen o mit seinem Uhrwerke laufen kann.
Beim Überwiegen der Anziehungskraft des Solenoides
ist das Umgekehrte der Fall. Die Hemmung des einen
oder anderen Uhrwerkes wird durch das Satelliten-
rad S vermittelt. Die beiden Uhrwerke sind so angeordnet, daß das eine die beiden Kohlenträger mit

Hilfe ihrer Zahnstangen gegeneinander, das andere sie voneinander bewegt. Hierbei ist durch ein entsprechendes Verhältnis (1 : 2) der Raddurchmesser dafür gesorgt, daß die eine Kohle sich doppelt so schnell als die andere bewegt.

Fig. 49.

Der Strom tritt durch die Klemme C in das Solenoid ein, geht durch die Lampenmasse in den Träger D, bildet den Lichtbogen und verläßt durch den oberen Kohlenträger H die Lampe. Ist die Entfernung der Kohlenspitzen die richtige, so halten sich die Anziehungskraft des Solenoides und die Federkraft das Gleichgewicht, und der Sperrzahn steht in der Mitte der beiden Rädchen $o\,o'$, hemmt also beide Uhrwerke. Wird jedoch die Entfernung der Kohlenspitzen voneinander zu groß, so nimmt infolge des größeren Widerstandes im Lichtbogen die Stromstärke und somit auch die Anziehungskraft des Solenoides ab; die Feder zieht den Sperrzahn nach rechts und gibt dadurch das mit dem Rädchen o in Verbindung stehende Uhrwerk frei, welches die Kohlen gegeneinander bewegt. Sobald jedoch die normale Länge

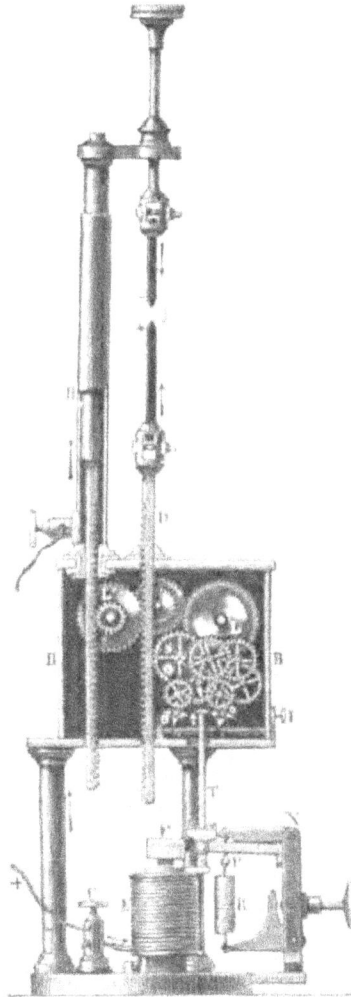

des Lichtbogens wieder hergestellt ist, hat auch das
Solenoid wieder seine frühere Anziehungskraft erreicht,
zieht deshalb den Anker an, und der mit letzterem
verbundene Sperrzahn hemmt abermals beide Uhrwerke. Ist der Lichtbogen zu klein, so gewinnt das
Solenoid so sehr an Kraft, daß es die Federkraft
übertrifft und durch den Hebel den Sperrzahn
so weit nach links dreht, daß dadurch das Rädchen
o' und dessen Uhrwerk freigegeben wird. Letzteres
bewirkt aber ein Auseinandertreiben beider Kohlenspitzen, und zwar ebenfalls wieder bis zur Herstellung
der normalen Lichtbogenlänge. Die Empfindlichkeit
der Regulierung kann durch Veränderung in der
Spannung der Feder R beliebig gemacht werden. Zu
diesem Zwecke ist die Feder mit ihrem unteren Ende
an einem Winkelhebel befestigt, dessen Stellung durch
eine Schraube bestimmt wird.

Foucaults Regulator wurde in der Pariser Oper
benützt, um bei der Aufführung des »Prophet« (im
Jahre 1848) den Aufgang der Sonne darzustellen und
hierbei ein so brillanter Erfolg erzielt,*) daß seither
das elektrische Licht bei allen größeren Aufführungen
Verwendung fand.

Der komplizierte Mechanismus, die Notwendigkeit,
die Lampe vor ihrem Gebrauche erst aufziehen zu
müssen und der Umstand, daß sie nur als Einzellampe
verwendbar ist, machten sie jedoch für die allgemeine
praktische Verwendung unbrauchbar. Aber immerhin
datiert sich von dieser Zeit (1848) an die regelmäßige
Fortentwicklung und Ausbildung der Regulatoren, deren
weitaus größte Anzahl das Prinzip, »die Entfernung
der Kohlenspitzen durch den Strom selbst zu regulieren,« zur Grundlage ihrer Konstruktion hat.

Regulator von Archereau. Als einfachstes Beispiel dieser Art Regulatoren möge hier der beiläufig
um die angegebene Zeit von Archereau konstruierte

*) Alglave et Boulard: La lumière électrique, 1882, p. 65.

Regulator beschrieben werden. Die beiden Kupfer-
säulen *A B, C D* (Fig. 50) sind auf einem Holzgestelle
befestigt und oben durch eine Kupfertraverse *A C* verbunden; letztere trägt den festen, positiven Kohlenhälter *t.* Das Solenoid *S* wird durch zwei andere,
isolierte Traversen *E F, G H* getragen und ist auf eine
Kupferröhre aufgerollt, in welcher mit sanfter Reibung
die Stange *J K* als Träger der negativen Kohle t^1
gleitet. Der Stab ist in seiner
oberen Hälfte aus Eisen, in
seiner unteren Hälfte aus
Kupfer. Er hängt in einer bei
G befestigten und über zwei
Rollen laufenden Saite, deren
zweites Ende als Gegengewicht
einen kleinen Becher mit Blei-
schrot trägt.

Fig. 50.

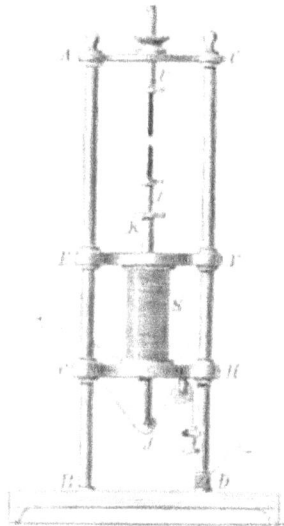

Der Strom tritt durch das
mit $+$ bezeichnete Drahtende
in das Solenoid, durchläuft dasselbe, geht dann durch das mit
dem Kupferrohre verbundene
Ende der Spirale in das Kupfer-
rohr, von diesem durch den
mit dem Rohre in Kontakt
befindlichen Eisenzylinder in
die positive Kohle und verläßt
durch die obere negative Kohle
und das Lampengestelle bei
D die Lampe. Der Eisenkern wird dabei magnetisch
und in die Spule hineingezogen, wodurch der Lichtbogen
entsteht. Beim Abbrennen der Kohlen vergrößert sich
der Widerstand im Bogen, weshalb der Strom schwächer
wird, und daher kann die Anziehung der Spule dem
Gegengewichte nicht mehr das Gleichgewicht halten.
Die positive Kohle wird deshalb der negativen Kohle
so weit genähert, bis durch Verminderung der Bogen-

länge wieder der früher geschilderte Gleichgewichtszustand hergestellt ist.

Le Molt nahm hingegen im Jahre 1849 Wrights
Idee wieder auf und konstruierte einen Regulator,*)
bestehend aus zwei kreisrunden, parallel oder unter
einem rechten Winkel zueinander gestellten Kohlenscheiben. Letztere hatten eine doppelte Bewegung:
1. drehten sie sich um ihre Achsen und 2. wurden sie
nach jeder solchen Umdrehung um ein dem Abbrennen entsprechendes Stück einander genähert. Le Molt
konnte auf diese Weise das Licht 24 Stunden erhalten,
ohne die Lampe berühren zu müssen.

Im Jahre 1845 konstruierte Jaspar und im Jahre
1859 Serrin seinen Regulator; gemeinsam ist beiden
die Bewegung der Kohlen durch die Schwerkraft und
die Regelung der Bewegung durch den Lampenstrom.
Während aber Jaspar für den letzterwähnten Zweck
sich eines Solenoides, wie Archereau, bedient, benützte Serrin einen Elektromagnet. Die Benützung eines
Solenoides zur Regelung der Lichtbogenlänge leidet
an dem Übelstande, daß die Anziehungskraft des Solenoides je nach der Stellung des Eisenkernes zu demselben eine verschiedene ist, wenigstens so lange dieser
Kern die gewöhnliche Form eines Zylinders hat. Die
Anziehungskraft ist am stärksten, wenn ein Ende des
Stabes mit der Mitte des Solenoides zusammenfällt,
und am schwächsten, wenn Stabmitte und Solenoid-
mitte zusammenfallen. Dementsprechend kann auch
die Regelung der Lichtbogenlänge keine gleichmäßige
bleiben, wenn die Lampe längere Zeit brennt und
hierbei durch den Abbrand der Kohlen die Lage des
Eisenkernes zum Solenoide verändert wird. Gaiffe
suchte bereits diesem Übelstande entgegenzuwirken,
indem er das Solenoid kegelförmig wickelte, also die
Zahl der Drahtwindungen stufenweise zunehmen ließ,
so daß der günstigeren Stellung des Eisenkernes eine

---

*) Fontaine: Elektrische Beleuchtung. II. Aufl., p. 13.

geringere Stromwirkung und der ungünstigeren Stellung eine stärkere Stromwirkung entsprach. Jaspar, dessen Regulator bereits eine praktische Bedeutung erlangte, hat den erwähnten Übelstand durch ein mechanisch wirkendes Gegenmittel ausgeglichen. Dies besteht darin, daß auf der Scheibe, welche den Schnurlauf für die Bewegung der Kohlenhälter aufnimmt, exzentrisch ein Gewicht angebracht ist, welches bei der ungünstigsten Lage des Eisenkernes, der den unteren Kohlenträger bildet, im vertikalen Scheibendurchmesser liegt, daher auf die Drehung der Scheibe keinen Einfluß nehmen kann und diese somit nur durch die Anziehungskraft des Solenoides bewegt wird. In dem Maße, als jedoch durch die Drehung der Scheibe das Gewicht dem horizontalen Durchmesser der Scheibe näherrückt, wird auch der Hebelarm, mit dem das Gewicht der Drehung der Scheibe entgegenwirkt, vergrößert und diese Gegenwirkung wird am größten, wenn der horizontale Durchmesser erreicht ist und der durch den Schnurlauf mit der Scheibe verbundene untere Kohlenträger unter der stärksten Einwirkung des Solenoides steht. Jaspar hat auch bereits, um eine ruckweise Bewegung der Kohlen zu verhindern, eine Dämpfung mit den Kohlenträgern verbunden, die in einer kleinen Pumpe bestand, deren Kolben sich in einem mit Quecksilber gefüllten Zylinder bewegte.

Eine andere Art, die ungleichförmige Wirkung des Solenoides zu beheben, ist von Piette und Křižik durch eine besondere Formung des Eisenkernes gefunden worden und wird bei den gebräuchlichen Bogenlampen näher erörtert werden.

Bogenlampe von Serrin. Bei der von Serrin im Jahre 1859 gebauten Bogenlampe, die gleichfalls bereits vielfache praktische Verwendung gefunden hat, wird die Bewegung der Kohlenträger durch die Schwerkraft bewirkt, während die Hemmung dieser Bewegung unter der Einwirkung eines Elektromagnetes durch

das Eingreifen eines Sperrzahnes in das Räderwerk
erfolgt.

Bei dem Regulator von Serrin (Fig. 51) trägt
der obere positive Kohlenträger B in seinem unteren
Drittel eine Zahnstange A, welche in das Zahnrad F
eingreift; mit F auf derselben Achse sitzt eine Rolle G,
deren Halbmesser halb so groß ist als der des Zahn-
rades. Von dieser Rolle geht eine Rollkette über die
Führungsrolle J zu einem Elfenbeinstücke, das mit
dem unteren, negativen Kohlenhalter K verbunden ist.

Am Boden des Lampenkastens ist ein Elektromagnet E angebracht, dessen horizontaler Anker Z
an dem Parallelogramme $RSTU$ befestigt ist. RS kann
sich um R und TU kann sich um T drehen. Die vertikale Seite SU ist mit dem Querstücke, welches die
Rolle J trägt, verbunden; damit das Parallelogramm
nicht durch sein Gewicht herabsinkt, sind zwei Federn
(die zweite ist in der Zeichnung nicht sichtbar) angebracht, deren eine durch die Schraube b und den
Hebel a stärker oder schwächer angespannt werden
kann; die Federn werden so reguliert, daß RS und
TU horizontal stehen. Das letzte Rad der Radüber-
setzung bildet ein Sternrad e, in welches der dreieckig
gestaltete Sperrzahn d eingreifen kann. Wird der obere
Kohlenträger B hinaufgezogen, etwa um neue Kohlen
zu befestigen, so dreht sich nur das Rad F, während
das übrige Räderwerk in Ruhe bleibt, weil das zweite
Rad eine Sperrvorrichtung besitzt, welche die Drehung
nur nach der entgegengesetzten Richtung gestattet.
Die Arme x und y mit ihren Schrauben dienen zur
genauen Einstellung der oberen Kohle. Der Strom
wird durch die Metallbestandteile der Lampe in den
Kohlenträger B geleitet, gelangt dann durch die obere
positive und die untere negative Kohle in den Träger K,
von hier durch den Spiraldraht ll zu einer isolierten
Klemme z, die mit dem Elektromagnete E verbunden
ist; von diesem geht der Strom durch einen Draht

zur Klemme *e* und wieder zur Stromquelle zurück.
Sobald der Strom geschlossen ist, zieht *E* seinen
Anker *Z* an, und die Seite
SU des Parallelogrammes
sinkt etwas nach abwärts;
mit ihr sinkt auch der
untere Kohlenträger und wegen dessen früher beschriebenen Verbindung *F* steigt
der obere Kohlenträger *B*.
Die Kohlen werden also
voneinander entfernt und es
entsteht der Lichtbogen. Der
obere Träger kann trotz
seines Gewichtes nicht
herabsinken, da durch das
Sinken des unteren Kohlenträgers der Sperrzahn *d*
zum Eingriffe in das Sternrad *e* gebracht wurde und
damit das Räderwerk ar-
retiert ist.

Figur 51.

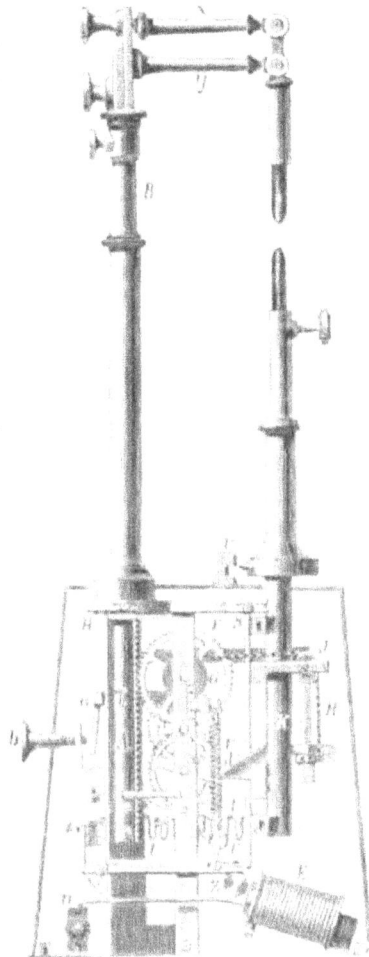

Durch Abbrennen der
Kohlen wächst nun der
Widerstand im Schließungs-
bogen, der Strom wird
schwächer und mit ihm der
Elektromagnet. Es kommen
daher die seiner Anziehung
entgegenwirkenden Federn *r*
zur Geltung und ziehen das
Parallelogramm nach oben.
Dadurch wird aber auch der
Sperrzahn *d* gehoben und
das Räderwerk freigegeben. Es sinkt jetzt der Kohlenträger *B* und hebt dadurch das Rad *F*, die Rolle *G*
und die Kette *H* den unteren Kohlenträger *K*, d. h. die

beiden Kohlen werden einander genähert. Da sich, wie
früher erwähnt, die Durchmesser des Rades F und der
Rolle G wie $1:2$ verhalten, so rückt die negative
Kohle halb so viel nach oben als die positive Kohle
nach unten, also ganz entsprechend dem ungleich-
förmigen Abbrennen beider Kohlen. Der Lichtbogen
bleibt daher an derselben Stelle. Das Nachrücken der
Kohlen hat indessen den Widerstand im Schließungs-
bogen verringert und so den Strom und mit ihm den
Elektromagnet wieder zu den ursprünglichen Stärken
gebracht. Es wird daher der Anker abermals angezogen
und das Räderwerk arretiert, wodurch der weitere Nachschub der Kohlen beendet ist, bis neuerdings durch
Abbrennen der Kohlen der Widerstand zugenommen
hat. Dieses Spiel geht während der ganzen Brenndauer ununterbrochen fort. Durch die Spannung der
Feder f mittelst der Schraube b und des Hebels a
kann das Parallelogramm entsprechend der Stromstärke
so ausbalanciert werden, daß die geringsten Stromschwankungen genügen, um das Räderwerk in Tätigkeit zu setzen, also den Lichtbogen in konstanter
Größe zu erhalten. Ebenso wird durch das Anziehen
der Schraube b das Parallelogramm etwas gehoben, durch
Nachlassen derselben etwas gesenkt, wodurch die
Lampe für größere oder kleinere Lichtbogen eingestellt
werden kann.

Drückt man den unteren Kohlenträger etwas nach
abwärts, so wird auch das Parallelogramm gesenkt
und dadurch das Räderwerk gehemmt; die Funktion
der Lampe ist unterbrochen. Will man diesen Zustand
erhalten, so dreht man den Kohlenhalter ein wenig,
so daß der unten angebrachte Zapfen zum Eingriff
in das Stück r kommt. Lontin hat den Serrinschen
Regulator dahin abgeändert, daß er den Elektromagnet
statt in den Hauptstromkreis in einen Nebenschluß
legte, wodurch die Lampe auch für sogenanntes
Teilungslicht, d. h. für die Einschaltung mehrerer

Lampen in einen und denselben Stromkreis geeignet
wurde. Lacassagne und Thiers machten (1856—59)
zahlreiche, öffentliche Versuche mit einem Regulator,*)
bei welchem der Nachschub der einen Kohle durch
Quecksilber bewirkt wurde, welches aus einem Behälter
unter den Kolben floß, auf welchen die bewegliche
Kohle aufsaß. Der Zufluß des Quecksilbers und somit
auch die Bewegung der Kohle wurde durch zwei
Elektromagnete bewerkstelligt, deren gemeinschaftlicher
Anker auf den Schlauch wirkte, durch welchen das
Quecksilber zufloß; einer dieser Magnete war im Nebenschluß angeordnet; die Lampe wäre auch, wie bereits
erwähnt, für Teilungslicht anwendbar gewesen. Sie erzeugte ein ziemlich ruhiges Licht, brachte es jedoch
mannigfacher Übelstände wegen doch zu keiner praktischen Anwendung.

Way ließ (1856) aus einem kleinen Trichter
Quecksilber in eine eiserne Schale fließen; der Trichter
und die Schale wurden mit je einem Pole einer Elektrizitätsquelle verbunden. Zwischen den einzelnen Tropfen
des diskontinuierlichen Strahles entstanden kleine Lichtbogen und das Ganze gab, in einem Glaszylinder eingeschlossen, eine ziemlich gleichförmige Lichtwirkung.
Obwohl vielfache Vorsichtsmaßregeln angewandt wurden,
konnte Way das Entweichen von Quecksilberdämpfen
nicht ganz ausschließen, ja er selbst wurde schließlich
von diesen getötet.

Auch Harrison benützte (1868) ausfließendes
Quecksilber zur Konstruktion von Lichtregulatoren sehr
verschiedener Anordnung; jedoch praktisch brauchbar
hat sich keiner erwiesen. Die Herstellung von Queck-
silberdampflampen hat übrigens die Erfinder bis in
die Gegenwart beschäftigt.**) Arons veröffentlichte hier-
über eine Arbeit im Jahre 1892, brachte aber seine Lampe

---

*) Fontaine, Elektrische Beleuchtung, II. Aufl. S. 22.
**) Elektrotechnische Zeitschrift, XXIII (1902), S. 492.

nicht über den Stand eines Laboratoriumapparates für
besondere Zwecke hinaus. Hingegen soll die Queck-
silberdampflampe von Hewitt im kleinen Maßstabe
praktisch eingeführt sein und sich als nützliche Neue-
rung erwiesen haben.

Harrison hatte übrigens schon im Jahre 1857
einen Regulator*) erdacht, dessen negativer Pol ein
gewöhnlicher zylindrischer Kohlenstab, dessen positiver
Pol ein Kohlenzylinder größeren Umfanges war. Die
obere, negative Kohle stand mit ihrer Achse vertikal
und wurde in der Richtung derselben entweder durch
ein Gewicht herabbewegt oder durch eine am Anker
eines Elektromagnetes befestigte Schnur hinaufgezogen,
entsprechend dem Abbrennen der Kohle. Der positive
Kohlenzylinder lag horizontal und drehte sich um eine
Schraubenspindel als Achse, so daß er also während
der Dauer seiner Drehung fortwährend in der Richtung
seiner Achse weiterrückte. Die Drehung wurde durch
ein Uhrwerk besorgt.

Auf der Wiener Weltausstellung im Jahre 1873
zeigte Dr. W. v. Siemens eine Lampe mit Nebenschluß,
nachdem er vorher schon Patente auf einige derartige
Konstruktionen genommen hatte.

Die elektrische Kerze. Eine besondere Bedeutung
hat die nach ihrem Erfinder Jablochkoff benannte
elektrische Kerze im Jahre 1876 dadurch erlangt, daß
sie den ersten in großem Maßstabe praktisch aus-
geführten und vollkommen gelungenen Versuch der
Teilung des elektrischen Lichtes darstellt.

Der Erste, welcher eine elektrische Kerze her-
stellte, war der Physiker William Edward Staite
im Jahre 1846. Eine seiner Konstruktionen bestand
darin, daß er zwei Kohlenstäbe unter einem spitzen
Winkel auf eine Säule auftreffen ließ, deren Material
der Einwirkung hoher Temperaturen gut widersteht
und die Elektrizität nicht leitet. Die Kohlen waren in

---

*) Fontaine, Elektrische Beleuchtung, II. Aufl., S. 14.

Röhren geführt und wurden durch Spiralfedern stets gegen die Säule angedrückt. Da die Kohlen immer unter demselben Winkel zueinander geneigt blieben und immer in derselben Höhe auf die isolierende Säule auftrafen, mußte natürlich die Entfernung der Kohlenspitzen voneinander, also auch die Lichtbogenlänge immer gleich groß bleiben. Um die Kohlen für verschiedene Lichtbogenlängen oder Stromstärken einstellen zu können, machte Staite den einen Kohlenträger durch eine Schraube verstellbar.

Staites Kerze mit V-förmig gestellten Kohlen bildete den Typus für die Kerzen von Gérard, Lescuyer Hedges, Rapieff, die Lampe Soleil u. s. w.

Im Jahre 1874 nahm Werdermann Staites Idee neuerdings auf, allerdings nicht zur Konstruktion einer elektrischen Kerze, sondern für einen Gesteinsbohrer,[*]) dieser ist aber unter Anwendung von Prinzipien konstruiert worden, deren sich spätere Konstrukteure zur Lichterzeugung bedienten. Werdermann ließ zwischen zwei zueinander parallelen und durch eine dünne Luftschichte voneinander getrennten Kohlenstäben den Lichtbogen entstehen, und führte durch ein daneben gelegtes Rohr einen Luft- oder Dampfstrom zu. Der Effekt war eine Art Lötrohrflamme von so hoher Temperatur, daß darin der härteste Granit in wenigen Sekunden schmolz. Die parallele Anordnung der Kohlenstäbe zur Erzeugung des Lichtbogens wurde später von Jablochkoff, Wilde, Jamin, Siemens, Debrun, Solignac-Andrew u. a. zur Konstruktion ihrer Kerzen benützt. Werdermann hat aber auch bei einer im selben Patente beschriebenen Konstruktion an Stelle des Blaserohres einen Elektromagnet angewandt, dessen Einwirkung auf den Lichtbogen eine ähnliche war wie die des Blaserohres (Fig. 1, S. 23).

---

[*] H. Fontaine: L'eclairage électrique; deutsch von F. Roß, II. Aufl., pag. 63.

Die erste praktisch verwertbare Kerze wurde aber
von einem russischen Offizier namens Jablochkoff
im Jahre 1876 erfunden. Ihrer Bedeutung für die Teilung
des elektrischen Lichtes wurde bereits gedacht. Im
Jahre 1878 folgten die Kerzen von Jamin und Wilde,
darauf die von Rapieff, Gérard u. s. w.

Fig. 52.

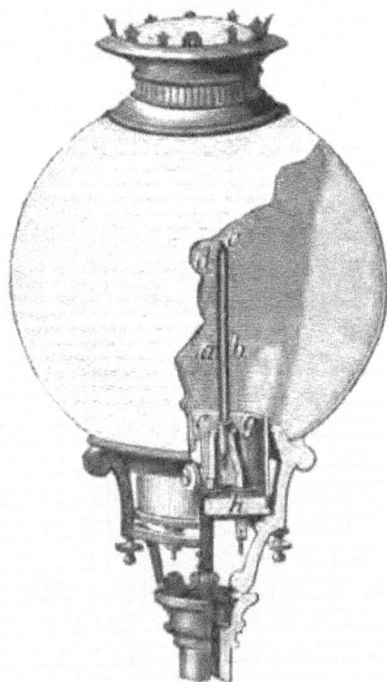

Die Jablochkoff-Kerze besteht aus zwei parallelen
Kohlenstäben *a*, *b* (Fig. 52), die durch eine Schichte
Pariser Gips voneinander isoliert sind. Die unteren
Enden der Kohlenstäbe stecken in Messingröhrchen,
gegen welche zwei Metallklemmen *e* und *g* federnd
drücken. Durch letztere erfolgt die Zuleitung des
Stromes in die Kerze; sie ist auf einer durchscheinenden

Platte h befestigt. Um die Kerze anzünden zu können, befindet sich am oberen Ende derselben ein quer über beide Kohlenspitzen gelegtes Graphitblättchen c, das durch eine übergeklebte Papierschlinge d in seiner Lage erhalten wird.

Wird die Kerze in den Stromkreis eingeschaltet, so geht der Strom von dem einen Kohlenstäbchen durch das Graphitblättchen zum zweiten und wieder zur Stromquelle zurück; das Graphitblättchen wird glühend und verdampft. Nun bildet sich zwischen beiden Kohlen der Lichtbogen, welcher durch seine Hitze die isolierende Zwischenschichte zum Schmelzen und Verdampfen bringt. Letztere wird in demselben Maße verzehrt, als die Kohlen abbrennen. Da aber die positive Kohle beiläufig noch einmal so schnell abbrennt als die negative, so mußte erstere, um ein gleichmäßiges Abbrennen beider Kohlen zu erreichen, von doppelt so großem Querschnitte als letztere genommen werden. Das Verhältnis ist jedoch kein genaues, die Kerzen brennen deshalb doch ungleichförmig und so mußte man zu Wechselströmen seine Zuflucht nehmen, durch welche bekanntlich beide Kohlen spitz und gleich schnell abbrennen.

Eine Kerze von 220—225 mm Länge und 4 mm Durchmesser brennt bei einer Lichtstärke von ungefähr 80 Kerzen $1^1/_2$ Stunden. In einen Stromkreis können mehrere Kerzen eingeschaltet werden und die Summe der Lichtintensität aller Kerzen ist größer als jene Intensität, welche im selben Stromkreise erhalten würde, wenn man nur eine Kerze eingeschaltet hätte. Es rührt dies daher, daß nicht nur der Lichtbogen zwischen beiden Kohlen leuchtet, sondern auch die verdampfende Gipsschichte zur Gesamtlichtstärke beiträgt. Wegen der kurzen Brenndauer einer Kerze werden immer mehrere Kerzen in einer Lampe angebracht.

Trotz ihrer scheinbaren Einfachheit kamen sie, nachdem durch eine größere Anzahl von Regulator-

lampen das Problem der Teilung des elektrischen Lichtes
in vorzüglichster Art gelöst war, außer Gebrauch, da ihre
Anwendung eine Reihe von Übelständen mit sich führt,
die sehr lästig werden können. Das Licht ist unruhig,
flackernd und wechselt häufig die Farbe; erlischt eine
Kerze, so erlöschen im selben Stromkreise alle, oder
wenn dies durch irgend welche Vorrichtung mehr
oder weniger sicher verhindert wird, zündet sich eine
einmal erloschte Kerze nicht mehr selbsttätig an. Die
elektrischen Kerzen bedürfen der Wechselstromma-
schinen, weshalb sie auch alle Nachteile, welche die
Anwendung dieser mit sich bringt, zeigen müssen. Sie
werfen ihr Licht nach oben, statt gegen den Boden.
Dieser Übelstand ist bei der Kerze von Jamin allerdings vermieden, dafür entbehrt diese aber der Einfachheit der Jablochkoff-Kerze, ohne die Vorzüge einer
gut konstruierten Regulatorlampe zu besitzen. Ferner
brennen die Kohlen in der Kerze viel schneller ab als in
einem Regulator und machen dadurch den Betrieb
einer Beleuchtungsanlage viel teurer als die Anwendung
von Regulatoren.

Hingegen lenkte die Erfindung der Jablochkoff-
Kerze die Aufmerksamkeit neuerdings im erhöhten
Maße auf die elektrische Beleuchtung und brachte es
mit sich, daß in kürzester Zeit von verschiedenen Er-
findern. wie z. B. Reynier, Lontin, Mersanne, Fontaine, Tschikoleff, Hefner v. Alteneck und Anderen
Regulatorlampen hergestellt wurden, welche allen
praktischen Anforderungen entsprachen. Besondere Erwähnung verdienen die Lampen der beiden letztgenannten Erfinder, weil einerseits Tschikoleffs
Lampe, obgleich wenig beachtet, die erste sogenannte
Differentiallampe darstellt, welche, wie bereits angegeben, die endgültige Lösung des Lichtteilungs- oder
Bogenlampenschaltungsproblems bildet, und anderseits
v. Hefner-Altenecks Lampe als Siemenssche
Differentiallampe vom Jahre 1879 ab zu aus-

gedehnter praktischer Verwendung gelangte. Bezeichnend für diese, unter den gebräuchlichen Lampen zu beschreibende Differentiallampe ist die Anordnung des Regulierungsmechanismus oberhalb des Lichtbogens im Gegensatze zu der bisher üblich gewesenen und für eine allgemeine Anwendung zur Beleuchtung wenig geeigneten Anordnung unterhalb des Bogens.

Die Differentiallampe von Tschikoleff ist in Fig. 53 dargestellt. E bedeutet einen Elektromagnet mit dicken Drahtwindungen, E_1 einen Elektromagnet mit Windungen eines dünnen Drahtes. MM sind die halbkreisförmig gebildeten Pole dieser beiden Magnete, welche den Gramme-schen Ring rr in $^2/_3$ seines Umfanges umfassen. An den Trägern cc_1 sind die auf dem Stromsammler des Ringes schleifenden Kontaktbürsten befestigt. Die Achse des Gramme-schen Ringes ist nach oben verlängert und sind in ihr Schrauben von einander entgegengesetzter Richtung eingeschnitten, und zwar von s_1 bis s_2 in der einen und von s_1 bis s in der anderen Richtung. Je einer der Kohlenträger bildet zu diesen beiden Schrauben die Mutter. Die Gewindhöhe beider Schrauben

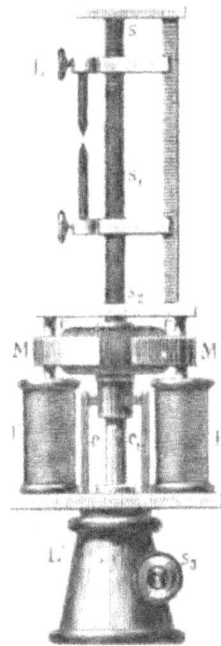

Fig. 53.

ist dieselbe, wenn die Lampe mit Wechselströmen betrieben wird, aber voneinander verschieden, wenn gleichgerichtete Ströme angewandt werden sollen. Eine Stellschraube s_2 dient zum Heben oder Senken des Lichtbogens, was für den Fall Bedeutung gewinnt, als ein Reflektor benützt werden soll.

Der Strom tritt bei L in die Lampe ein und findet hier zunächst zwei Wege für seinen Durchgang: ein

10*

Teil läuft durch die Kohlen, die dicken Drahtwindungen
des Magnetes E und verläßt die Lampe bei L'; ein
zweiter Teilstrom geht von L aus durch die Windungen
des Magnetes E_1 mit dünnen Drähten und von diesem
bei L' aus der Lampe heraus. Der durch den Lichtbogen gehende Strom findet aber außer dem früher
angegebenen Wege durch E noch einen zweiten Weg
durch den Träger c und die zugehörige Bürste in den
Grammeschen Ring und von diesem durch c_1 nach L'
zurück, so daß also im ganzen drei Teilströme durch
die Lampen gehen. Bei Einschaltung der Lampe in
einen Stromkreis wird zunächst der weitaus größte
Teil des Stromes durch die sich berührenden Kohlen
gehen, dann zum Teil die Windungen des Elektromagnetes E, zum Teil den Grammeschen Ring durchlaufen; die Spule E_1 wird wegen ihres hohen Widerstandes nahezu stromlos sein. Im Grammeschen Ringe
bilden sich Pole, deren Verbindungslinie senkrecht
auf die Verbindungslinie der beiden Magnetpole MM
steht. Der stark magnetische Pol M wird nun dem
Ringe eine der Windungsrichtung der Drähte seines
Magnetes und der Polverteilung im Grammeschen
Ringe entsprechende Drehung geben und bei richtiger
Konstruktion die Schraubenspindel ss_2 derart drehen,
daß sie vermöge ihrer beiden einander entgegengesetzt
eingeschnittenen Schrauben die Kohlenträger voneinander entfernt. Dadurch bildet sich der Lichtbogen. Die
Kohlen brennen ab, der Widerstand in ihrem Stromkreise wächst und die Stromstärke muß abnehmen.
Im selben Maße wächst jetzt der Strom in der Zweigleitung, welcher der Elektromagnet E_1 mit feinen
Drahtwindungen angehört, und endlich erreicht er
eine solche Stärke, daß der Pol des letzterwähnten
Magnetes kräftiger wird als jener des Magnetes mit
starken Drähten. Der nun kräftig gewordene Magnetpol dreht aber den Grammeschen Ring in der entgegengesetzten Richtung, d. h. die Kohlen werden

einander genähert. Beim regelmäßigen Brennen der
Lampe steht daher der Grammesche Ring und so-
mit die Entfernung der beiden Kohlen stets unter der
Differentialwirkung der magnetischen Kräfte der beiden
Elektromagnete E und E_1. — Die Regulierung des
Bogens erfolgt bei der Lampe von Tschikoleff ohne
Mitwirkung von Rädern und ohne irgendwelche Aus-
lösungsvorrichtung. Obwohl unter sonst gleichen Umständen Lampen ohne Auslösung solchen mit Auslösung
vorzuziehen sind, weil ihre Regulierung stetiger vor
sich geht, darf doch nicht übersehen werden, daß zur
Bewegung des Grammeschen Ringes der eine oder der
andere Magnetpol immer erst eine gewisse Stärke erreicht haben muß, also ein gewisser Zeitraum erforderlich
ist, bis der Ring sich dreht, weil in der Schraube Reibung
stattfindet, die durch die Anziehungskraft der beiden
Magnete überwunden werden muß. Die Länge des
Lichtbogens bleibt deshalb keine vollkommen unveränderliche.

2. Einteilung und innere Schaltung der Bogenlampen.

Sämtliche Bogenlampen, so groß ihre Zahl auch
geworden ist, kommen doch nur in den drei Arten
nämlich als Hauptstrom-, Nebenschluß- und Dif-
ferentiallampen zur Anwendung. Es wäre daher
wohl naheliegend, bei einer Beschreibung von Bogenlampen diese in die genannten drei Gruppen einzu-
teilen. Aber trotz des wesentlich verschiedenen Ver-
haltens dieser Lampenarten unterscheiden sie sich
baulich meistens nur sehr unbedeutend voneinander,
d. h. eine und dieselbe Lampenform kann mit ganz
unwesentlichen Änderungen in allen drei Arten ge-
braucht werden; der Unterschied zwischen den einzelnen Arten liegt eigentlich nur in der inneren
Schaltung der Lampen. Hingegen können diese, wenn

man ihre bauliche Ausführung in Betracht zieht, in gewisse Gruppen gebracht werden, welche ganz charakteristische Unterschiede zeigen. So wird bei einer Gruppe von Lampen (und dahin gehören die ältesten Lampen, wie z. B. die Lampe von Foucault-Duboscq, Fig. 49, S. 133) die Bewegung der Kohlen durch ein Uhrwerk bewirkt. Dieser steht eine umfang-reiche Gruppe von Lampen am nächsten, die zwar kein Uhrwerk, also kein selbständig laufendes Getriebe besitzen, bei welchen aber ein Laufwerk irgendwelcher Art die Kohlen gegeneinander führt; dieses Laufwerk, gewöhnlich durch das Gewicht der Kohlenträger in Bewegung gesetzt, hat keine selbständige Bewegung, sondern erlangt erst eine solche durch eine Art Aus-lösung, welche durch den Stromgang in der Lampe (also das Brennen der Lampe) betätigt wird. Man kann nun diese Lampengruppe, der fast alle gebräuch-lichen Lampen angehören, weiter in Unterabteilungen einteilen nach der Art, in welcher die Auslösung oder Hemmung der Kohlenbewegung stattfindet, also z. B. je nachdem sie durch Solenoide, einen Hemmring, Sperrhaken oder durch magnetische Bremsung bewirkt wird. An diese Lampen mit Laufwerk würden sich dann solche schließen, bei welchen die Kohlen durch förmliche Elektromotoren bewegt werden, wie z. B. bei der Differentiallampe von Tschikoloff (S. 147) und bei der Lampe von Bréguet. Ferner wären noch Lampen zu unterscheiden, bei welchen die Wärme-wirkung des elektrischen Stromes die Regulierung des Lichtbogens übernimmt, wie dies bei den Lampen von Solignac, Pollak und Thouvenot der Fall ist, und solche, die von den Gesetzen der Hydraulik Gebrauch machen, wie z. B. die Lampe von Lacassagne und Thiers (S. 141) und die Lokomotivlampe von Sedla-czek-Wikulill. Gewissermaßen den Anhang hierzu bilden jene Lampen, bei welchen die Entfernung der Kohlen voneinander keiner Regulierung bedarf, da sie durch die Bauart der Lampe eine feste, auch während des Brennens unveränderliche ist; es sind dies die elektrischen Kerzen (S. 142).

Was die bereits oben erwähnten inneren Schaltungen der Bogenlampen anbelangt, so mögen dieselben, einem Vortrage F. Uppenborns*) folgend, näher erläutert werden.

In Fig. 54 ist eine Hauptstromlampe schematisch dargestellt. Die obere positive Kohle ist an einem Hebel aufgehängt gedacht. Rechts vom Drehpunkte wirkt eine Feder f, welche die Kohlenstäbe einander zu nähern trachtet, links ein Solenoid, welches einen Eisenkern anzieht und damit bestrebt ist, die Kohlenstäbe voneinander zu entfernen. Nennt man n die Windungszahl, I die Stromstärke im Solenoid, so wird man die Gleichgewichtsbedingung schreiben können

$$n\,I\,k = f,$$

worin k eine Konstante bedeutet. Daraus ergibt sich

$$I = \frac{f}{k\,.\,n} = \text{konstant.}$$

Die Lampe reguliert also auf konstante Stromstärke; damit dabei auch die Lichtbogenlänge konstant bleibt, muß also auch die Spannung konstant sein.

Nach dem Vorgange von Gülcher und Gravier wurden solche Hauptstromlampen für Nebeneinanderschaltung von Bogenlampen vielfach angewandt. Damit nun beim Kontakt der Kohlenstäbe durch das bedeutende Sinken des Widerstandes die Lampen einander nicht stören, wendet man sogenannte Vorschaltwiderstände an, ein Verfahren, welches von Werdermann herrührt, der seine Halbglühlampe in dieser Weise schaltete.

In Fig. 55 ist eine Nebenschluß-Bogenlampe schematisch dargestellt. Bei dieser Lampe haben Feder und Elektromagnet gegenüber der Hauptstromlampe ihre

---

*) Zentralblatt für Elektrotechnik, X (1888), S. 102.

Stellung vertauscht: Die Feder sucht die Kohlenstäbe
zu trennen, der Elektromagnet sie zusammenzuziehen.
Nennt man N die Windungszahl, i die Stromstärke,
W den Widerstand im Solenoid, so wird die Gleichgewichtsbedingung lauten:

$$N\,i\,k = f.$$

Setzt man für i den Wert: Klemmspannung Δ
durch Widerstand W, so hat man

$$N\,\frac{\Delta}{W}\,k = f,$$

woraus sich ergibt:

$$\Delta = f\,\frac{W}{k\,N} = \text{konstant.}$$

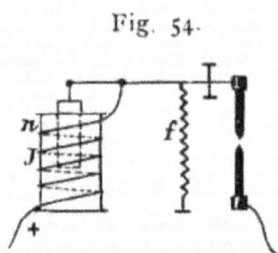

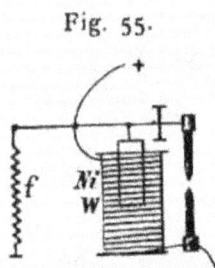

Fig. 55.

Fig. 54.

Die Nebenschlußlampe reguliert auf konstante
Spannung, und das entspricht den Regulierungszwecken
am besten.

In Fig. 56 ist eine Differentiallampe dargestellt.
Bei dieser Lampe ist an Stelle der schematischen
Feder ein zweites Solenoid getreten, welches dem
ersten entgegenwirkt. Die Differentiallampe ist eine
Vereinigung der beiden vorher beschriebenen Lampen-
schaltungen. Nennt man die einzelnen Größen in dieser
Lampe wieder wie vorher, so schreibt sich die Gleich-
gewichtsbedingung

$$n\,1\,k = N\,i.$$

Da nun

$$i = \frac{\Delta}{W},$$

so kann man auch schreiben

$$n \, I k = N \frac{\Delta}{W},$$

woraus

$$\frac{\Delta}{I} = k \, W \frac{n}{N} = \text{konstant.}$$

Die Differentiallampe reguliert also auf konstanten Widerstand. Bei wachsender Stromstärke muß daher die Spannung proportional sein und damit die Lichtbogenlänge ganz unverhältnismäßig zunehmen.

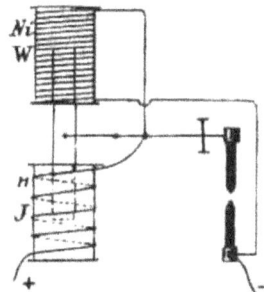

Fig. 56.

Aus diesen Betrachtungen ergibt sich auch die spezielle Eignung dieser Lampenarten für die verschiedenen Schaltungen im Stromkreise. Die Hauptschlußlampe eignet sich vornehmlich für Parallelschaltung; es muß aber dann ein Beruhigungswiderstand W hinter jede Lampe geschaltet werden, welcher beiläufig 20 V verzehrt. Die Nebenschlußlampe wird zweckmäßig zur Parallelschaltung, und zwar entweder einzeln oder zu je zweien hintereinander verwendet. Für die Hintereinanderschaltung eignet sich die Nebenschlußlampe nur dann, wenn man entweder Relais anordnet, welche im stromlosen Zustande an die Klemmen der Lampen einen Zweigwiderstand legen, damit die Maschinen erregt werden können, oder wenn man der Nebenschlußwicklung einen relativ niedrigen Widerstand gibt. Die Differentiallampe reguliert auf konstanten Widerstand und eignet sich daher besonders für Hintereinanderschaltung, kann aber eben so gut auch für Parallelschaltung verwendet werden und stellt daher eine Art Universallampe dar. Ihre Über-

legenheit im Regulieren gegenüber anderen Lampen
hat H. Görges*) auch durch theoretische Untersuchungen klargestellt. Hierbei trägt Görges auf der Ab-
scissenachse eines rechtwinkeligen Koordinatensystems
(Fig. 57) die Stromstärke und auf der Ordinatenachse
die Spannung auf. Bei der Stromstärke Null herrscht
an der Lampe dieselbe Spannung wie im Leitungs-
netze, z. B. die Spannung OA. Ist der Lampe ein
Widerstand vorgeschaltet, so muß die Spannung an
der Lampe um so kleiner werden, je größer die
Stromstärke wird, und zwar muß sie einfach linear,
etwa nach der Linie AA_1, abnehmen. Eine Nebenschlußlampe mit idealem Regulierwerk wird die Spannung an der Lampe selbst konstant zu halten suchen,
unabhängig von der Stromstärke, allenfalls in der
Höhe der Linie BB_1, welche parallel zur Abscissen-
achse gezogen ist. Infolge dessen stellt sich die Lampe
auf eine ganz bestimmte Stromstärke $OC = BP$ ein,
deren Länge durch den Schnittpunkt P der Linien
AA_1 und BB_1 gegeben ist. Nimmt man nun weiter
an, daß die Netzspannung, also die Spannung für den
ganzen Stromkreis, um einen bestimmten Prozentsatz
schwankt, so kann man diese Schwankungen nach
oben und unten durch Parallele zur Linie AA_1 versinnlichen, welche durch die Punkte A' und A'' gehen
mögen. Diese Parallelen schneiden die Gerade BB_1,
welche die Charakteristik der Nebenschlußlampe darstellt, in den beiden Punkten Q' und Q''. Die Linien
BQ' und BQ'' oder OD' und OD'' stellen dann die
Stromstärken dar, die bei der erhöhten und verringerten
Netzspannung in der Lampe herrschen. Die Werte
dieser Stromstärken liegen verhältnismäßig weit auseinander, während die Schwankungen in der Größe
der Netzspannung verhältnismäßig geringe sind.

Für die Differentiallampe ergibt die Darstellung

---

derselben Verhältnisse die Fig. 58. Die Charakteristik
der Differentiallampe ist eine Gerade $O\,G$, die durch
den Nullpunkt des Koordinatensystemes gehen muß,
weil die Differentiallampe auf konstanten scheinbaren
Widerstand arbeitet, d. h. so reguliert, daß das Verhältnis von Stromstärke zur Spannung immer dasselbe
bleibt. Wenn nun wieder die Netzspannung zwischen
den Grenzen $O\,A'$ und $O\,A''$ schwankt, so ergeben
die durch diese Punkte gelegten Parallelen mit der
Charakteristik $O\,G$ die Schnittpunkte $S'\,S''$, und die
Stromstärke der Lampe schwankt zwischen den beiden
Werten $O\,F'$ und
$O\,F''$, also wie man

Fig. 57.

sofort sieht, um einen
verhältnismäßig ge-
ringen Betrag, wobei
zugleich die Spann-
ung etwas größer
oder geringer wird.
Schwankungen in
der Netzspannung
haben somit bei
der Nebenschluß-
lampe große und
bei der Differential-

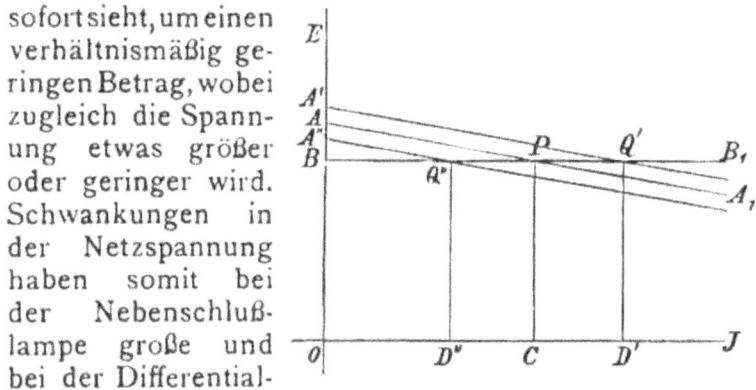

lampe nur geringe Schwankungen in der Stromstärke
zur Folge. Diese Schwankungen werden bei der
Nebenschlußlampe sehr beträchtlich, wenn die Linie
$A\,A_1$ nur wenig geneigt ist, d. h. wenn der Spannungsabfall im vorgeschalteten Widerstande gering bemessen ist.

Zu demselben Endergebnisse gelangt man auch
mit der Annahme, daß die Netzspannung vollkommen
unverändert bleibt, also die Linie $A\,A_1$ sich nicht verschiebt, aber die Charakteristik der Lampe sich ändert,
was durch Verschiebungen der Linie $B\,B_1$ zum Aus-
drucke kommen würde. Solche Veränderungen können

in den Nebenschluß-Spulen durch Erhöhung ihres
Widerstandes infolge von Erwärmung oder durch
andere Unempfindlichkeiten in der Regulierung hervorgerufen werden. Für die Nebenschlußlampe ergeben
sich dann im Schema verhältnismäßig weit voneinander
liegende Schnittpunkte $Q'Q''$ der Linie AA_1 mit der
nach aufwärts und abwärts verschobenen Linie BB_1
und für die Differentiallampe verhältnismäßig nahe
aneinander liegende Schnittpunkte $Q'Q''$ der Linie
AA_1 mit der um O nach aufwärts und abwärts ge-

Fig. 58.

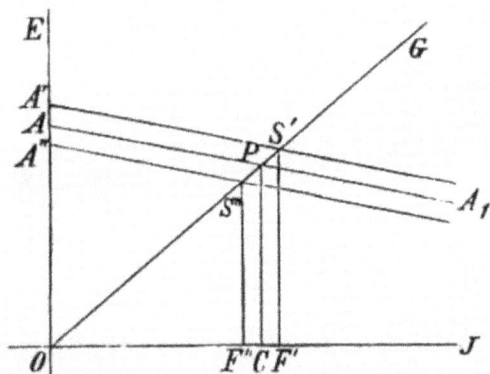

drehten Linie OG. Diese Betrachtungen hat Görges
überdies auch noch durch Rechnung bestätigt gefunden.

3. Gebräuchliche Bogenlampen.

Die Bogenlampe von **Piette & Křižik,** auch
Pilsnerlampe genannt, zeichnet sich durch besondere
Einfachheit aus, indem sie jedes Räderwerkes entbehrt
und als gesamten Übertragungsmechanismus nur eine
Schnurscheibe samt zugehöriger Schnur besitzt. Da
bei dieser Lampe die Bewegung der Kohlen unmittelbar durch die Einwirkung zweier Stromspulen auf

einen Eisenkern bewirkt wird, muß gesorgt werden,
daß die Verschiedenheit der Stellung des Eisenkernes
zu den Stromspulen für den regelmäßigen Gang der
Regulierung unschädlich gemacht wird (S. 136). Statt
wie Gaiffe die Spule kegelförmig zu gestalten, gaben
Piette und Křižik dem Eisenkerne die Gestalt eines
Doppelkegels und beließen dafür den Spulen ihre
zylindrische Gestalt. Bei dieser Anordnung nimmt der
Querschnitt des Eisenstabes in demselben Maße ab
oder zu, als die Wirkung der Spulen zu- oder abnimmt. In allen drei Lagen a, b, c (Fig. 59) wird daher
der Eisenkern sich in Ruhe befinden, wenn die Voraussetzung gemacht wird, daß die Spulen S_1 und S_2
elektrisch gleichwertig sind. In a befindet sich z. B.
das untere Ende des Stabes in der Mitte der Spirale S_1,
also in der Stellung der größten Anziehungskraft; die
Mitte des Stabes fällt mit der Mitte der Spirale S_2 zusammen, ist folglich in der Stellung der geringsten
Anziehungskraft, die von dieser Spirale ausgeübt wird;
es müßte daher der Stab sich abwärts bewegen, wenn
nicht der Querschnitt desselben in der Spule S_2 am
größten und in der Spule S_1 am kleinsten wäre. Dieser
Umstand gleicht aber die verschiedenen Anziehungs-
kräfte der Spiralen aus, und der Stab bleibt in Ruhe.
In c haben beide Spiralen ihre Rollen vertauscht, und
in b befinden sich beide Spulen in derselben Stellung
zum Stabe. Der Stab ist somit in allen drei Lagen im
Gleichgewichte.

Läßt man nun die Voraussetzung, daß durch
beide Spulen ein gleich starker Strom geht, fallen, so
kann sich der Stab nicht mehr im Gleichgewichte befinden, sondern muß von jener Spule stärker angezogen werden, durch welche der kräftigere Strom fließt.
Die verschiedene Stromstärke in beiden Spulen wird
erreicht, indem man die eine Spule aus starkem Drahte
anfertigt und in den Hauptstromkreis schaltet, während
die zweite Spule dünne Drähte erhält und in einen

Nebenschluß zu liegen kommt. Hierbei wird die Stärke,
mit welcher der kegelförmige Eisenkern von den Spulen
angezogen wird, stets nur von der Stromstärke in diesen,
nie aber von der gegenseitigen Stellung bestimmt sein.
Die Richtung, nach welcher sich der Eisenkern bewegt,
entspricht sonach der Differenzwirkung beider Spulen.
Wir ersehen hieraus zugleich auch, daß die Lampe
von Piette und Křižik eine Differentiallampe ist.

Fig. 59.

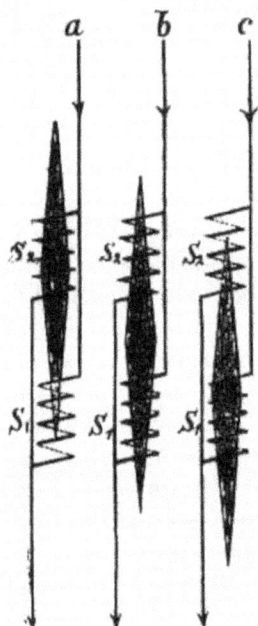

Die ersten Modelle, welche
Křižik anfertigte, waren in der Tat
unter Benützung eines doppeltkegel-
förmigen Eisenkernes gebaut. Zweck-
mäßigkeitsgründe veranlaßten aber
später dazu, den Doppelkegel in zwei
Hälften zu zerlegen und dementsprechend auf jede dieser Hälften
eine Spule wirken zu lassen; es bedarf jedoch wohl keiner weiteren
Auseinandersetzung, daß hierdurch
das soeben erläuterte Prinzip keine
Änderung erlitten hat.

Die Wirkungsweise der Lampe,
deren gegenwärtige Form aus Fig. 60
zu ersehen ist, und zwar für Hintereinanderschaltung, kann aus der Skizze
in Fig. 61 entnommen werden. Stehen
beide Kohlen außer Berührung, so
wird der elektrische Strom nach Einschaltung der Lampe folgenden Weg einschlagen
müssen: Bei der mit + bezeichneten Klemme eintretend,
kann er nur in die Spirale N gelangen, über den Platin-
kontakt bei p gehen und auf dem Wege über den
Widerstand s und die mit — bezeichnete Klemme die Lampe verlassen. Dadurch wird der Eisenkern in die
Spule N hineingezogen, also die untere Kohle mit
der oberen zur Berührung gebracht. Hierdurch er-

schließt sich aber für den
Strom ein neuer Weg
durch die Lampe, näm-
lich: von $+$ in den oberen
Kohlenträger, dann in
den unteren Kohlen-
träger, von diesem in die
Windungen des Elektro-
magnets c und durch die
Spirale H zur Klemme
—. Jetzt muß die Spirale
H ihren Eisenkern an-
ziehen, dadurch die obere
Kohle wieder außer Be-
rührung mit der unteren
Kohle bringen und also
den Lichtbogen hervor-
rufen; gleichzeitig zieht
nun aber auch der Elektromagnet c seinen Anker
an, unterbricht dadurch
den Kontakt bei p und
somit auch den erstan-
gegebenen Stromweg; der
Strom nimmt also zum
weitaus größten Teile auf
dem letztangegebenen
Wege seinen Verlauf. Nur
ein äußerst geringer
Bruchteil wird die Wider-
stände, welche ihm die
Windungen starken, na-
mentlich aber die Win-
dungen dünnen Drahtes
auf der Spule N entgegen-
setzen, überwinden, durch
das Lampengestelle auf

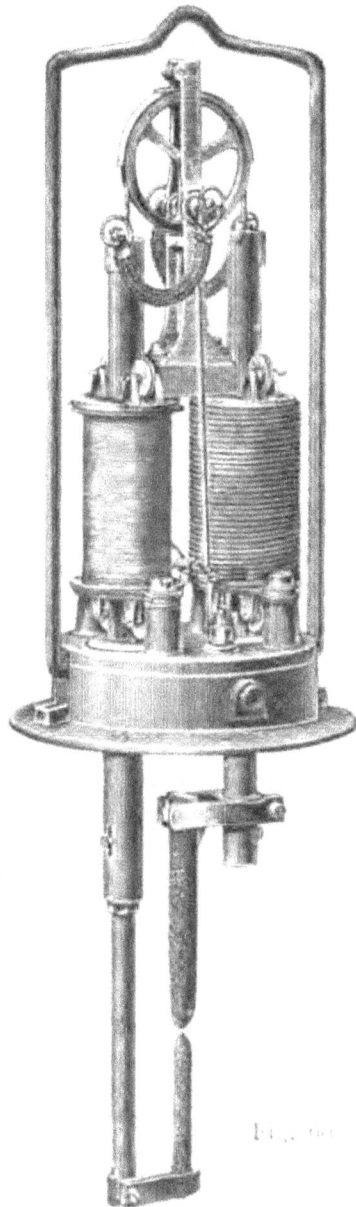

den hiervon nicht isolierten unteren Kohlenträger
gelangen und auf dem Wege über den Elektromagnet
c und die Spule H zur —-Klemme gehen. In dem
Maße aber, als durch das Abbrennen der Kohlen der
Widerstand im Stromkreise des Lichtbogens zunimmt,
sich also dem Widerstande im letztangegebenen Neben-
stromkreise nähert, muß offenbar im letzteren die
Stromstärke zunehmen, im

Fig. 61.

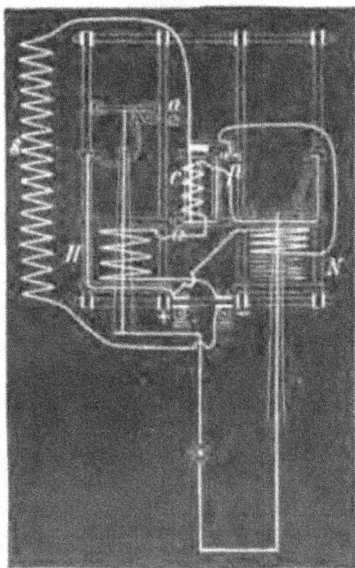

ersteren abnehmen. Die
Spule N mit ihren beiderlei
Windungen wird dann
ihre Anziehungskraft auf
den zugehörigen Eisenkern
steigern, während die An-
ziehungskraft der Spule H
auf ihren Eisenkern im
selben Maße abnimmt. Die
Folge davon ist eine Ge-
geneinanderbewegung der
beiden Kohlen bis auf ihre
normale Entfernung.

Sind die Kohlen aus-
gebrannt, so legen sich die
Kontaktstücke a a gegen-
einander und schalten die
Lampe aus, indem sie den
+-Pol mit dem —-Pole
unter Einschaltung des Widerstandes s untereinander
verbinden. Sollen die Lampen parallel geschaltet
werden, so erfährt sowohl ihre Bauart als auch ihre
Betätigung noch weitere Vereinfachungen. Es mag
hier nur noch angedeutet werden, daß in diesem Falle
der Widerstand s und der Elektromagnet c mit seinem
Platinkontakte wegbleiben, und daß überdies die Spule
N nur eine einfache Wicklung erhält.

Bei der **Differentiallampe** von **Siemens & Halske,**
welche Hefner von Alteneck konstruiert hat, be-

sorgt die Schwerkraft die Bewegung der Kohlen,
während das Regelwerk nur die Art und Zeit der
Bewegung bestimmt. Hier kommen daher auch keine
für die Anziehung verschieden günstigen Stellungen
der Eisenkerne zu den Stromspulen vor. In der schematischen Skizze, Fig. 62, ist SS_1 ein Stab aus
weichem Eisen, der an dem um o drehbaren Hebel
befestigt ist. T stellt eine Nebenschließung von hohem
Widerstande im Verhältnisse zum Stromweg in der
Lampe und auch zum Lichtbogen vor, R eine in den
Hauptstrom eingeschaltete Stromspule von geringem
Widerstande. Die Windungen der beiden Spulen sind
so angeordnet, daß diese den Eisenstab in entgegengesetzten Richtungen anzuziehen suchen, daher mit
der Differenz ihrer anziehenden Kräfte, d. h. Stromstärken, wirken. Es wird infolge dessen auch die Regulierung des Lichtbogens stets das Ergebnis der
Differentialwirkung beider Spulen sein.

Nehmen wir an, die beiden Kohlen h und g berühren sich nicht, sondern sind voneinander in einer
gewissen Entfernung. Der Strom geht dann von L
durch die Spule T von hohem Widerstande zur unteren
Kohle h und von da über L_1 zur Stromquelle zurück;
dadurch wird der Eisenkern SS_1 magnetisch und in T
hineingezogen, also das Hebelende c_1 in seine tiefste
Stellung gebracht. Im selben Moment löst sich der
Kohlenhalter a vom Hebel cc_1 los und fällt langsam
herunter, bis sich die beiden Kohlen treffen. Jetzt geht
der Strom von L durch Rgh nach L_1; nun wirkt aber
die Spule R auf den Stab SS_1, zieht diesen nach unten
und der Lichtbogen entsteht. Im ersten Momente der
Hebung stellt sich auch die Verbindung von a und c_1
wieder her. Im Stromkreise ist jetzt zum Widerstande
R noch der Widerstand des Lichtbogens hinzugekommen
und dieser wächst mit der Länge des Lichtbogens;
dadurch wird der Strom in T wieder stärker und in
R schwächer, bis bei einem bestimmten Widerstande

des Bogens sich die von T und R ausgeübten An-
ziehungskräfte das Gleichgewicht halten.

Die Kohlenstäbe brennen langsam ab, aber die
gleiche Bogenlänge stellt sich immer wieder her. Bei
entsprechend höherer Stellung des Eisenstabes $S S_1$
sinkt c_1 bis in seine unterste Stellung, wo dann die
Lösung der Kuppelung und Erneuerung des früheren
Spieles erfolgt. Wird im Stromkreise außerhalb der
Lampe die Stromstärke verändert, so bringt dies allein

Fig. 62.

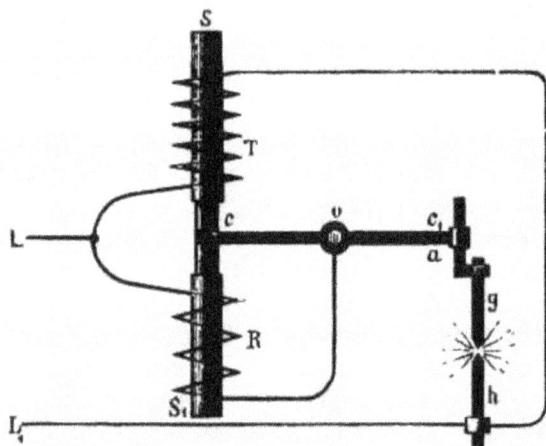

in der Lampe keine Veränderung hervor, weil die
Stromstärke in den beiden Spulen in gleichem Verhältnisse sich ändert.

Für die Größe des Widerstandes, auf welchen der
Bogen gebracht wird, ist das Verhältnis der Wirkungen
der beiden Spulen R und T auf den Eisenkern maßgebend. Es wird voraus bestimmt durch Wahl des
entsprechenden Widerstandes, die Zahl der Windungen
oder mehr oder weniger tiefes Eintauchen des Stabes
in die Spulen. Zu diesem Zwecke ist die obere Spule
verstellbar angebracht.

Die Lampe selbst (Fig. 63) zeigt, daß der Kohlenhalter aZ nicht unmittelbar an den um d drehbaren Hebel cc_1 befestigt ist. Die Zahnstange Z hat ihre Führung in dem Teile A, welcher an dem Hebelende c_1 angehängt und durch eine Gelenkstange c_2 an seinem unteren Ende so geführt ist, daß sie bei den Schwingungen von cc_1 nur parallel mit sich selbst auf und ab bewegt werden kann. Die Zahnstange kann an dem Teile A nur langsam abwärts gleiten, indem sie dabei das Steigrad r und das Echappement E in Bewegung und dadurch das Pendel p mit seinem nach oben gehenden Arme m in Schwingung setzen muß, welche Teile sämtlich an A gelagert sind und mit ihm auf- und abwärts gehen. In einer gehobenen Lage des Stückes A ist der Arm m durch eine Kerbe in dem kleinen Hebel y, welcher bei x gleichfalls an das Stück A gelagert ist, festgehalten und damit das Echappement arretiert und die Zahnstange mit A verkuppelt.

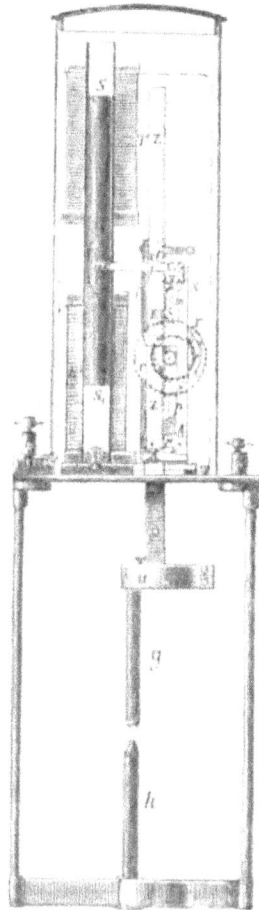

Fig. 63.

Wenn aber A und somit y sich der untersten Stellung nähert, so wird der letztere durch einen am Gestell festsitzenden Stift ausgehoben und das Echappement sowie die Zahnstange x von A frei, worauf die früher beschriebene Nachschiebung der Kohlen stattfindet.

Jede Lampe reguliert sich mit Rücksicht auf die Stromstärke; man kann daher eine Reihe von Lampen

in einem Stromkreise oder auch in mehreren Strom-
kreisen einer Maschine einschalten, in Parallel- oder
Zweigleitungen; in letzterem Falle erhält man verschieden intensive Lichter. Wenn in einer Lampe die
Kohlen abgebrannt sind, so erlischt sie und der Strom
geht durch die Spule von großem Widerstande; um
diesen Stromverlust zu vermeiden, wendet Siemens
noch eine Kontaktvorrichtung an, welche einen kurzen
Schluß bewirkt.

Statt, wie bei den älteren Modellen, die untere
Kohle fest mit ihrem Träger zu verbinden, kann sie
in eine Hülse gesteckt werden, in der sich eine Spiralfeder befindet, welche die Kohle nach aufwärts drückt.
Oben wird die Kohle gehemmt durch einen (bei Abnützung leicht auswechselbaren) Kupferring, dessen
innerer Durchmesser nahezu dem Durchmesser der
Kohle gleichkommt. Dadurch kann immer nur der
konisch zugespitzte Teil hervortreten.

Bandlampe von **Siemens & Halske.** Die Lampen-
deckplatte, Fig. 64, trägt einen um eine horizontale
Achse drehbaren Rahmen a, in welchem ein Laufwerk
eingelagert ist. Dieses bewirkt mittels der durch den
Balancier b pendelnden Hemmung c den intermittieren-
den Umlauf einer Trommel, um welche ein Kupfer-
band geschlungen ist, welches den oberen Kohlenhalter
trägt. Dieser Rahmen a endet an seinem oberen Querstücke in einer weichen Eisenplatte, welche als Anker
eines Elektromagnetes m dient, dessen Wicklung einen
Nebenschluß zum Lichtbogen der Lampe bildet. Wird
die Lampe in den Stromkreis eingeschaltet, so findet
der elektrische Strom zunächst nur durch die dünnen
Windungen des Elektromagnetes m einen Weg. Dieser
Magnet zieht seinen Anker, die weiche Eisenplatte,
an und der Rahmen a neigt sich. Hierdurch wird bei
g das Laufwerk ausgelöst und durch das Eigengewicht
des niedersinkenden oberen Kohlenhalters unter Vermittlung der pendelnden Hemmung c in langsame

Umdrehung versetzt. Die obere Kohle sinkt nunmehr so lange, bis sie die untere Kohle berührt; sowie jedoch die Berührung stattfindet, nimmt der Strom

Fig. 64.

Fig. 65.

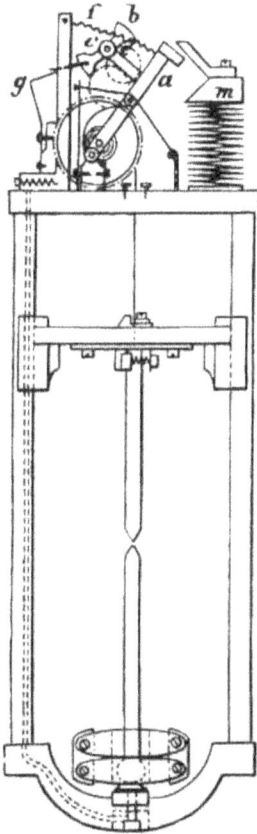

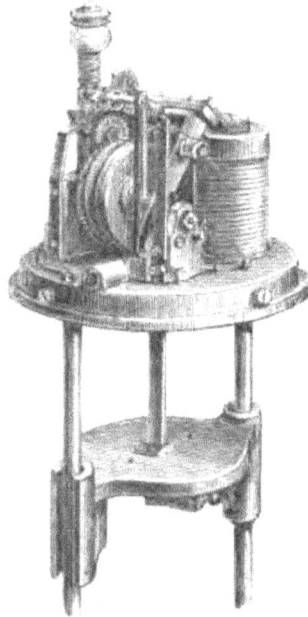

den kürzeren Weg durch die Kohlen, und die Spule des Elektromagnetes wird daher stromlos. Der Rahmen a, welcher jetzt nicht mehr von m angezogen wird, folgt dem Zuge der Feder f; dadurch wird die Trommel ein Stück zurückgedreht, die obere Kohle etwas gehoben und der Lichtbogen gebildet. Dann stellt sich alsbald ein Gleichgewichtszustand zwischen der Zugkraft der Feder f und der Anziehungskraft

des Elektromagnetes *m* her. Wächst infolge des Ab-
brandes der Kohle der Widerstand des Lichtbogens,
so nimmt die Stromstärke in den Windungen des
Elektromagnetes *m* zu, die Anziehungskraft wächst,
der Rahmen *a* wird so lange angezogen, bis das
Laufwerk bei *g* ausgelöst wird und die Kohle neuerdings sinkt. Sowie aber der Lichtbogen sich verkleinert
hat, nimmt die Anziehung des Elektromagnetes *m*
wieder ab, der Rahmen *a* steigt wieder auf und das
Laufwerk wird durch den Anschlag bei *g* aufs neue
gehemmt.

In dieser Weise wiederholt sich das Spiel, bis die
Kohlen vollständig abgebrannt sind. Fig. 65 zeigt die
perspektivische Ansicht der beschriebenen Regulierungs-
vorrichtung. Die Lampe ist selbstverständlich auch
mit Vorrichtungen versehen, um den Strom zu unterbrechen, wenn die Kohlen abgebrannt sind.

Man rühmt der Bandlampe nach, daß sie ohne
jede Veränderung für ganz verschiedene Stromstärken
benützt werden kann und infolge ihres ungemein emp-
findlichen Regulierungsmechanismus fast fortwährend
dem Lichtbogen die richtige Länge erteilt und denselben nicht nur stoßweise regelt.

Die **Seillampe** von **Siemens & Halske** ist für alle
Schaltungen, für Wechsel- und Gleichstrom bestimmt,
ist eine Differentiallampe mit feststehendem Lichtpunkte
und gehört zu den Lampen mit schwingendem Laufwerke und mit Schwerkraft als bewegender Kraft. Die
Lampe ist in Fig. 66 schematisch dargestellt und
Fig. 67 zeigt den Oberteil der Lampe in einer der
gebräuchlichen Ausführungen. Von den paarweise
übereinander angeordneten Spulen *AA* des Differential-
elektromagnetes ist das für den Hauptschluß bestimmte
Spulenpaar durch eine Eisenplatte *C* verbunden und
wird durch Säulen getragen, die auf dem Lampenteller
befestigt sind, während das Spulenpaar für den Nebenschluß unmittelbar auf dem Lampenteller aufsitzt. In

diese vier Spulen taucht der
H-förmige, in einer Gabel
durch Zapfenschrauben am
Laufwerke *E* gelagerte
Eisenkörper. Dieses Lauf-
werk ist durch ein Gesperre
mit der Schnurscheibe ge-
kuppelt, über welche das
die beiden Kohlenhalter
tragende, aus 1000 feinen
Kupferdrähten geformte Seil
F läuft. Die Bewegung
tritt infolge des Überge-
wichtes des oberen über den
unteren Kohlenträger ein.
Die Federn *G*, an welchen
das Laufwerk hängt, tragen
nicht nur dieses, sondern
auch die mit demselben verbundenen Kohlenführungen,
entlasten daher die Zapfen
und vermindern dadurch
die Reibung, was die Lampe
gegen Stöße unempfind-
lich macht. Die Lampe
ist zur Dämpfung bei der
Aufwärtsbewegung des Laufwerkes mit einer Ventil-
pumpe *H* versehen; hierdurch
wird erreicht, daß beim
Einschalten der Lampe oder
bei plötzlichen Widerstandsänderungen im Lichtbogen
kein zu schnelles Auseinandergehen der Kohlen eintritt.
 Die für Reihenschal-
tung bestimmten Lampen

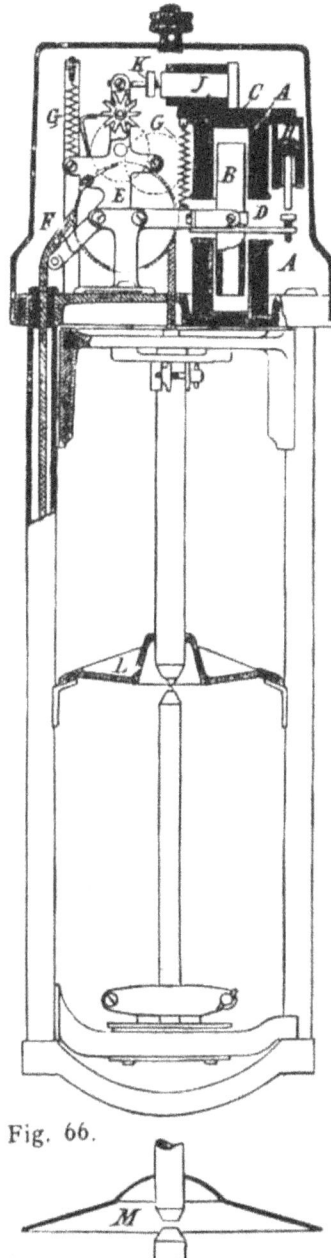

Fig. 66.

werden mit dem auf der Eisenplatte C angebrachten
Nebenschließer J, dessen Anker K am Laufwerke be-

Fig. 67.

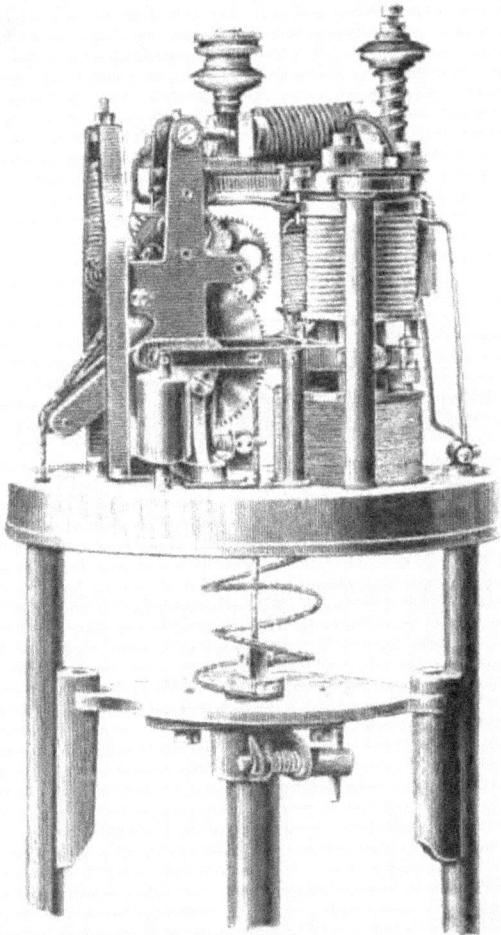

festigt ist, ausgerüstet. Dieser Nebenschließer tritt bei
normalem Lampenstrom in Tätigkeit, sobald die
Lampenspannung ihren normalen Wert um 10—15%

überschritten hat und setzt das Lampenwerk unter
Einschaltung eines Ersatzwiderstandes für den abge-
stellten Lichtbogen fest, so
daß hierdurch sowohl ein Verbrennen der Nebenschlußspulen
als auch ein Verlöschen der
übrigen Lampen desselben
Stromkreises verhindert wird.

Fig. 68.

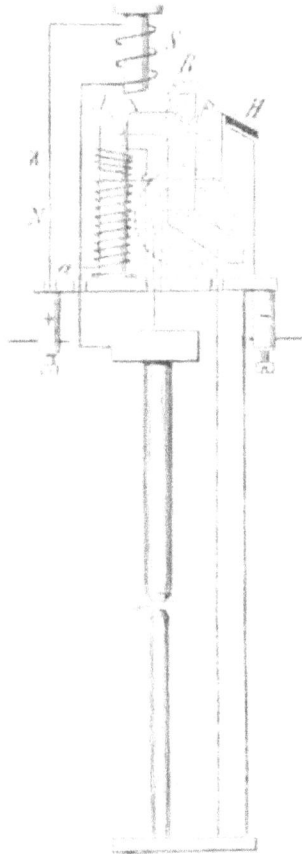

Bemerkenswert ist noch
der sogenannte Sparer *L*, mit
welchem jede für Gleichstrom
bestimmte Lampe ausgerüstet
wird und welcher aus einem
hohlkegelförmigen, emaillierten
Eisenkörper besteht, der dicht
über dem Lichtbogen ange-
bracht wird. Bei Wechselstromlampen tritt an Stelle dieses
Sparers ein entsprechend ge-
formter kleiner Scheinwerfer *M*.

Die **Gleichstrom-Diffe-
rentiallampe** der Berliner
Allgemeinen Elektrizitäts-
Gesellschaft (Fig. 68) enthält ein schwingendes Laufwerk, welches durch Kette und
das Gewicht des oberen Kohlenträgers in Bewegung gesetzt
wird. Der Strom tritt durch die
positive Klemme in die Lampe
ein, durchläuft die Hauptstrom-
spule *S*, gelangt dann durch
eine biegsame Leitung zu den Kohlenstiften und
von hier zur negativen Klemme. Der Nebenschlußstrom zweigt bei *a* ab, geht über den Nebenschlußmagnet *N* zu der isolierten Hemmklinke *H* und
von hier, so lange die Hemmklinke mit dem letzten

Zahnrade R in Berührung ist, über dieses und das
Laufwerk gleichfalls zur negativen Klemme. Parallel
zu dieser Unterbrechungsstelle zwischen H und R ist
ein kleiner Rheotomwiderstand W geschaltet, welcher
auf dem Nebenschlußelektromagnet entgegengesetzt
gewickelt ist wie die Windungen N. Wird die Arretierung
des Laufwerkes an der Hemmklinke H durch die
Einwirkung der Magnete auf den Anker A bei entsprechenden Lichtbogenlängen aufgehoben, so verläuft
der Nebenschlußstrom über diese Gegenwicklung W
zur negativen Klemme und bewirkt somit bei jedem
Zahnabfall des Arretierrades R von der Hemmklinke H
eine kleine Schwächung des Nebenschlußelektro-
magnetes und der Rückwärtsbewegung des Laufwerkes,
so daß der nächste Zahn die Hemmklinke wieder berührt. Durch diese Schaltung wird gewissermaßen die
Remanenz der Elektromagnete ausgeglichen und gleichzeitig werden durch die kleinen periodischen Bewegungen des Ankers die Reibungsfehler der beweglichen Teile verringert. Diese empfindliche Regulierung
kommt der Lampe auch bei ihrer Verwendung als
Serienlampe bei der sogenannten Dreischaltung zu Gute.

Die von **Zipernowsky** (Firma **Ganz & Co.**) konstruierte Lampe bewirkt den Nachschub der Kohlen
durch die Schwerkraft und regelt die Bewegung durch
die wechselnde Kraft von Solenoiden. Das Parallelogramm mn (Fig. 69) ist auf einer Seite des Hebels
mm befestigt, welcher sich um eine horizontale, auf
den Säulen MM gelagerten Achse drehen kann. An
der entgegengesetzten Seite des Hebels ist der Eisenkern für die Spule E angebracht. Den oberen Kohlenträger bildet die Zahnstange Z, welche vermöge ihres
Gewichtes herabdrückt, wenn das Räderwerk r mit dem
Windflügel c nicht gehemmt wird. Die Spule E besitzt
einen erheblichen Widerstand und ist in einen Nebenschluß zum Hauptstromkreise geschaltet. Die Feder R,
im selben Sinne wie die Anziehungskraft der Spule E

wirkend, strebt die obere
Kohle zu senken, während
das Gewicht des Eisenkernes
in der Spule diesem Be-
streben entgegenwirkt. Infolge
der letzten Wirkung wird anfänglich der Rahmen *m n* mit
dem Räderwerke *r* gehoben
und dadurch das Sternrad *s*
mit einer Sperrklinke in Eingriff gebracht. Daher kann
sich weder das Räderwerk bewegen noch die Zahnstange
mit der oberen Kohle senken.
Leitet man nun einen
Strom durch die Lampe, so
kann dieser nur durch die
Spule *E* gehen; diese zieht
ihren Kern an, ihn von unten
nach oben bewegend, und
senkt hierdurch etwas den
Rahmen *m n*, wodurch das
Räderwerk *r* freigegeben wird
und die Zahnstange mit der
oberen Kohle herabfallen
kann, bis diese die untere Kohle
berührt. Der Windflügel *c* verhindert eine zu rasche Bewegung der Stange. Sobald die
beiden Kohlen sich berühren,
fließt sofort fast der ganze
Strom durch diese, und der
Strom in der Spule wird bedeutend geschwächt. Das
Parallelogramm steigt daher
wieder nach aufwärts und
nimmt die obere Kohle mit,

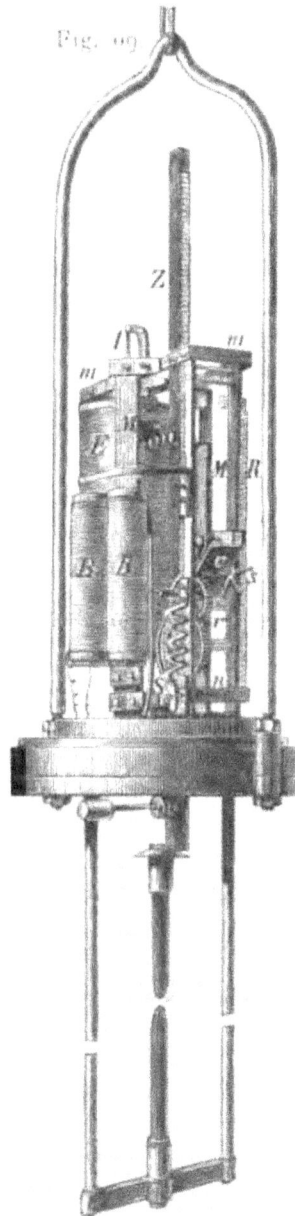

weil eben durch das Steigen das Räderwerk neuerdings durch die vorerwähnte Sperrklinke arretiert wird; die Kohlen entfernen sich also voneinander und der Lichtbogen entsteht. Im selben Maße, als nun die Kohlen abbrennen, wächst der Widerstand im Lichtbogen, weshalb die Stromstärke in der Spule E zunehmen muß, bis endlich die Anziehungskraft derselben hinreicht, um durch Hebung ihres Eisenkernes den Rahmen mn zu senken und so das Räderwerk frei zu geben; die Zahnstange mit der oberen Kohle kann nun abermals nachrücken, bis wieder die normale Bogenlänge hergestellt ist. Um eine zu heftige oder ruckweise Bewegung des Eisenkernes zu vermeiden, ist an der Stange t ein Kolben angebracht, der sich im oberen mit einer Kupferröhre versehenen Teile der Spule E nach Art des Kolbens einer Luftpumpe bewegt und so die Bewegung gleichmäßiger macht. Sind die Kohlen abgebrannt, so wird ein Zweigstrom durch den Elektromagnet BB geleitet, veranlaßt diesen, seine Armatur anzuziehen und dadurch den Rahmen mn zu senken. Die Feder S gelangt dann zur Berührung mit der Grundplatte der Lampe und bewirkt dadurch einen kurzen Stromschluß.

Die **Lampen** von **Brush** zählen zu jenen Lampen, bei welchen die Auslösung, beziehungsweise Abstellung der durch die Schwerkraft bewirkten Bewegung durch einen Hemmring erfolgt. Dieser Hemmring ist eine kreisrunde Scheibe, C_1 und C_2 (Fig. 70), deren zentrale Bohrung derart bemessen ist, daß der Kohlenhälter B_1 bezw. B_2 eben durchgleiten kann, so lange der Ring wagrecht liegt, aber sofort geklemmt wird, wenn der Ring durch einseitiges Heben eine schiefe Lage erhält. Fig. 70 stellt den Mechanismus einer Straßenlaterne (Fig. 71), dar, welche, um eine lange Brenndauer zu erhalten, als Doppellampe gebaut ist.

Zwei nebeneinander stehende Kernspulen E_1 E_2, in welche zwei unter sich verbundene, einem Hufeisen-

Elektromagnete ähnliche Eisenkerne $F_1 F_2$ hineinragen,
sind mit einigen Windungen dicken und vielen Windungen dünnen Drahtes bewickelt. Der dicke Draht
führt den Strom dem Lichtbogen zu, der dünne bildet
einen Nebenschluß zur ganzen Lampe. Die Verbindungen sind in der Weise gemacht, daß beide Wick-
lungen im entgegengesetzten Sinne von den Strömen

Fig. 70.

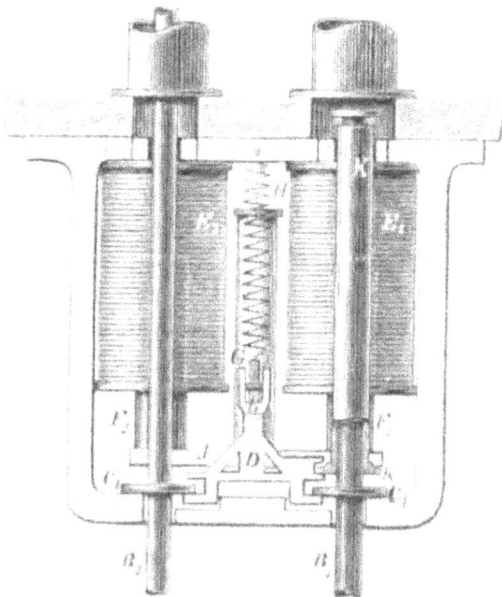

durchflossen werden, so daß der Zweigstrom die Wirkung des Hauptstromes schwächt. Die Widerstände
und Windungszahlen sind so bemessen, daß bei der
normalen Länge des Lichtbogens (2 mm) die Wirkung
des Hauptstromes stärker ist als diejenige des Zweig-
stromes, da er einem Teile des Gewichtes der Kohlen
und Kohlenhälter das Gleichgewicht zu halten hat.
Infolge der eigenen Schwere berühren sich die Kohlen-

stäbe; tritt ein Strom in die Lampe, so ziehen die
Spulen die Eisenkerne in sich hinein, die Kohlen
werden vermittels der Klemmringe voneinander entfernt bis durch Zunehmen des Bogens und durch
hiermit bedingtes Wachsen seines Widerstandes der
Zweigstrom so stark wird, daß der Eisenkern nicht
weiter gehoben wird, der Lichtbogen also eine bestimmte Länge erreicht.

Nachdem der Hauptstrom die beiden Spulen, deren
dicke Windungen einander parallel geschaltet sind,
durchlaufen hat, gelangt er auf den Lampenkörper,
von da durch feindrähtige, in der Figur nicht angegebene Metallpinsel auf die oberen Kohlenhälter,
durch den Lichtbogen zur unteren Kohle und von da
zur Ableitungsklemme. Die beiden vereinigten Eisenkerne $F_1 F_2$ wirken an einem einarmigen Hebel L;
derselbe trägt an einem Ende eine Glycerindämpfung,
ferner eine Spiralfeder H, durch die ein Teil des Gewichtes der Kohlen, Kohlenhälter u. s. w. ausgeglichen
ist, und endlich nahe seinem Drehpunkte einen kleinen
Rahmen D, durch den die Klemmringe C_1 und C_2 gehoben
werden. Dadurch, daß der eine Einschnitt des Rahmens
etwas weiter ist als der andere, wird bewirkt, daß die
eine Kohle früher gehoben wird als die andere, weil
der engere Einschnitt den in ihm liegenden Ring
früher erfaßt, als dies der weitere tut. Beim Abwärtsgehen des Rahmens wird diese zuletzt erfaßte Kohle
frei gemacht, während die andere noch festgeklemmt
ist. Durch das Abbrennen der Kohle würde der Lichtbogen länger und länger werden, wenn nicht in demselben Maße, als der Lichtbogenwiderstand steigt, die
Zweigleitung mehr Strom erhielte und dadurch ein
entsprechendes Sinken der Kohle bewirkt würde. So
wird zunächst nur die eine Kohle nachreguliert, bis
sie so weit abgebrannt ist, daß sich ein an der betreffenden Stange befindlicher Knopf auf das sie umgebende und auf dem Rahmen aufliegende Rohr K

stützt. Die Kohle kann nun nicht weiter nachrücken.

Bei weiterem Abbrennen der Kohle und demzu-
folge durch die Spulen bewirktem Sinken des Rahmens
wird der zweite Kohlenhälter frei gemacht; diese
Kohlen kommen zur Berüh-
rung, der Lichtbogen geht
auf diese über und das
Nachregulieren der zweiten
Oberkohle nimmt seinen
Verlauf wie vorher für die
erste. Damit sich die Kohlen
beim Nachrücken nicht
zu schnell bewegen, sind
die von den Klemmringen
umgebenen Stangen eben-
falls mit Glycerindämpfung
versehen. Ist das letzte Kohlenpaar so weit abgebrannt,
daß die obere Kohle nicht
weiter nachrücken kann
und der Lichtbogenwider-
stand über sein gewöhnliches
Maß gewachsen ist, so tritt
eine Ausschaltevorrichtung
in Tätigkeit.

Fig. 71.

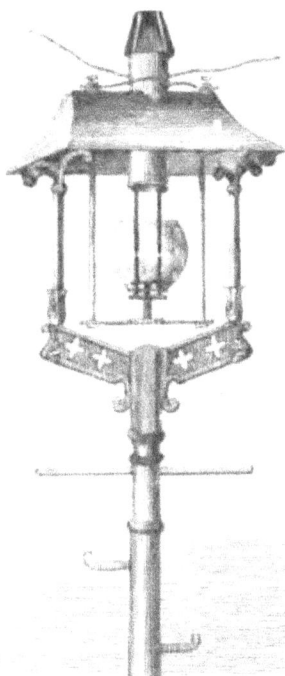

Um die Brenndauer
der Bogenlampen zu ver-
längern, hat man außer der
vorbeschriebenen Anwend-
ung zweier oder mehrerer Kohlenpaare in einer Lampe
auch noch andere Wege eingeschlagen, nämlich die
auch bereits (S. 169) erwähnte Benützung von Spar-
oder Dauerbrennern und insbesondere die möglichst
luftdichte Einschließung des ganzen Lichtbogens.*) Auf

---

*) Vgl. U r b a n i t z k y: Die elektrischen Beleuchtungsanlagen. III. Auflage,
Seite 108.

letzterem Wege ist man zum Baue der sogenannten
Dauerbrandlampen oder Dauerlampen oder
Lampen mit eingeschlossenem Lichtbogen
gelangt.

Die von der Bogenlampenfabrik K. Weinert (Berlin)
hergestellte **Sonja-Dauerbrandlampe** ist in Fig. 72 in
äußerer Ansicht und in Fig. 73 schematisch dargestellt. An dem Rohre a, welches die positive Kohle
aufnimmt, sind der untere Lampenteller b, der obere
Lampenteller c und der Abschlußteller f, welch letzterer
die Zuleitungsklemmen d und e trägt, isoliert befestigt.
Auf ff ist gleichfalls isoliert befestigt das Regen-
dach gg mit Isolierrolle und Aufhängehaken. Auf dem
Teller c befindet sich gut durchlüftet der auf Porzellan-
rollen aufgezogene, regulierbare Vorschaltwiderstand
und auf der Unterseite des Tellers sitzt die Haupt-
stromspule h, deren Magnetkern i an seinem unteren
Ende die Luftpumpe k und den Kohlenklemmring l
trägt. Der negative Kohlenhalterständer mm mit dem
Kohlenhalter n ist mit dem unteren Teller b verschraubt;
letzterer hat an seiner unteren Fläche einen ring-
förmigen Ansatz, in welchem sich der mit schrägen
Auflaufflächen versehene Überwurfring o leicht drehen
läßt. Die im Teller b federnd gelagerten Rollen p
drücken bei Drehung des Glockenüberwurfringes o
nach rechts diesen an den Teller fest an, indem sie
hierbei über die schrägen Auflaufflächen rollen. Eine
weitere Dichtung wird noch durch die Asbesteinlage t
erzielt, auf welcher das den ganzen unteren Kohlenhalter umschließende Glas weich gelagert ist. Bei
dieser Art Einschließung ist keine zweite, äußere Glocke
erforderlich und beschlägt sich auch der Glaszylinder
seiner Größe wegen weniger stark als kleine, nur den
Lichtbogen einschließende Glaskörper.

Der Stromlauf in der Lampe ist folgender: Ist
die Lampe zunächst stromlos, so stehen beide Kohlen
miteinander in Berührung. Wird die Lampe einge-

schaltet, so zieht die Spule h den Kern i hinein, der hierbei unter Vermittlung des mit ihm verbundenen Klemmringes l die obere Kohle hebt und dadurch den Lichtbogen bildet. Durch das Abbrennen der Kohlen wird der Strom in h geschwächt und i sinkt samt der Kohlenklemme, bis die rechte Seite des Klemmringes auf der Kohlenführungsdüse s aufruht. Beim weiteren Sinken stellt sich der Klemmring wagrecht und läßt daher die Kohle abwärts gleiten bis zur Wiederherstellung der normalen Bogenlänge. Die obere Kohle wird als solche infolge der Lampenbauart nicht vollständig verbrannt; sie kommt aber bei der Erneuerung der Kohlenstäbe als negative Kohle neuerdings zur Verwendung, wo sie dann bis auf einen kleinen Rest verbraucht wird.

Fig. 72.

Die Lampe hat je nach der Stromstärke eine Brenndauer von 100 bis 200 Stunden, brennt bei 100 V einzeln als Hauptstromlampe und bei 200 und 300 V in Hintereinanderschaltung als Differentiallampe.

Dauerbrandlampen wurden auch von Marks, von der Union Elektrizitäts-Gesellschaft in Berlin gebaut, ferner wird auch die Bandlampe von Siemens & Halske als Dauerbrandlampe ausgerüstet u. s. w. Eingehende Untersuchungen über Dauerbrandlampen liegen u. a. von W. Wedding*) vor, und zwar über

---

*) Elektrotechnische Zeitschrift XVIII (1897), S. 763.

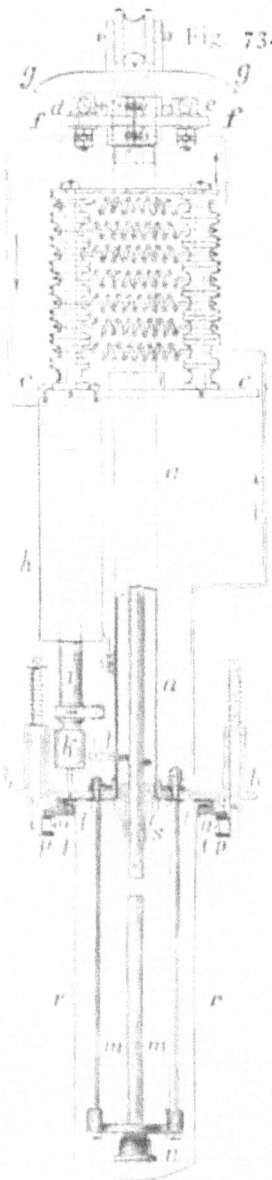

die **Janduslampe**. Um einen möglichst dichten Luftabschluß zu erzielen, ist bei der Janduslampe die äußere große Glocke an ihrem oberen Halse unter Asbestdichtung mit der Lampenkappe verschraubt und an ihrem unteren Halse ausgeschliffen und durch eine federnd gewellte Metallplatte verschlossen. Die untere Öffnung dient zum Einführen der Kohlen und zum Reinigen. Durch diese Einrichtung wird natürlich kein vollständiger, sondern nur ein teilweiser Luftabschluß, der auf die Brenndauer von wesentlichem Einflusse ist, erreicht. Beim Brennen wird die positive Kohle sehr schwach ausgehöhlt und die negative eben so schwach abgerundet, wobei für beide Elektroden Homogenkohle benützt wird. Wedding untersuchte zwei Janduslampen für 3 und 4 A bei 110 V Spannung, wobei für die 3 A-Lampe Kohlen von 10 mm Durchmesser mit 305 mm Länge als obere und 152 mm Länge als untere Elektrode verwendet wurden, während die 4 A-Lampe Kohlen von 13 mm Durchmesser und 267 mm, beziehungsweise 156 mm Länge erhielt. Die maximale Lichtentwicklung ergab sich wesentlich höher oben, d. h. weniger geneigt gegen die Horizontale als bei gewöhnlichen Bogenlampen und auch der Abfall der

Helligkeit nach unten zu erfolgt weniger rasch als
bei gewöhnlichen Lampen, was für Flächenbeleuchtung
sehr günstig ist, da hierdurch die Beleuchtung ent-
fernterer Punkte eine gleichmäßigere wird. Der spezifische Verbrauch betrug bei der 3 A-Lampe im Mittel
2·90 V und bei der 4 A-Lampe im Mittel 2·81 V und
erreichte die 3 A-Lampe eine Brenndauer von 92 Stunden
und die 4 A-Lampe eine solche von 95$^1/_4$ Stunden.
Dem entsprach ein Gesamt-Kohlenabbrand von 2·4 mm,
beziehungsweise 1·8 mm in der Stunde. In der inneren
kleinen Glashülle entstand ein brauner Beschlag einige
Zentimeter oberhalb des Lichtbogens. Die Lichtentwicklung nach oben ist im Vergleiche mit der bei
gewöhnlichen Bogenlampen eine ziemlich starke indem
sie $^2/_3$ der im unteren Raume vorhandenen Lichtentwicklung beträgt, was die Lampe zur Beleuchtung von
Innenräumen geeignet macht, weil hierdurch eine
gleichförmige Beleuchtung ohne schroffe Licht- und
Schattengrenzen erreicht wird. Als weitere Vorteile
der Dauerbrandlampen ergeben sich die lange Brenndauer und schon dadurch Ersparung an Lampenkohlen,
ferner aber auch noch eine weitere Ersparung an
letzteren gegenüber Lampen, bei welchen nicht aus-
gebrannte Kohlen ausgewechselt werden müssen, weil
sie für die nächste Brenndauer der Lampen nicht
mehr ausreichend sind. Aus der langen Brenndauer
ergibt sich ferner eine Ersparung bei der Bedienung
der Lampen. Nachteile der Dauerbrandlampen sind
ihr mitunter unruhiges Brennen, die geringere Lichtstärke, ihr höherer spezifischer Verbrauch und größere,
durch Bruch der Glocken verursachte Ausgaben. Hingegen kann die höhere Spannung am Lichtbogen unter
Umständen vorteilhaft sein, da man nicht selten nur
eine oder wenige Lampen brennen will und die
Janduslampe für normal 110 V Spannung gebaut wird,
also ungefähr mit der doppelten Spannung brennt als
die gewöhnlichen Bogenlampen.

Bei einer größeren Anzahl namentlich älterer Lampen wird die Bewegung der Kohlen wie bei den vorbeschriebenen durch das Gewicht der Kohlenhälter bewirkt, die Hemmung erfolgt aber durch magnetische Bremsung. Zu diesen Lampen gehört z. B. die **Bogenlampe** von **Gülcher,***) die sich durch besondere Einfachheit auszeichnet und auch dadurch, daß sie keine Räder oder sekundäre Kontakte besitzt, so daß sie auch an solchen Orten verwendbar ist wo das Eindringen von Staub nicht vermieden werden kann. Alle während des Ganges der Lampe erforderlichen Verrichtungen werden von einem einzigen Elektromagnete ohne Zwischenmechanismus ausgeführt. Kein Organ ist der Abnützung unterworfen und das Auseinandergehen der Kohlenspitzen vollzieht sich bei der Entzündung selbsttätig.

Die Lampe (Fig. 74) wirkt in folgender Weise: Der von der isolierten positiven Klemme B kommende Strom geht durch einen sehr biegsamen Draht nach dem hufeisenförmigen Elektromagnet E, dessen Schenkel ungleich lang sind. Dieser Magnet ist zwischen den beiden Spitzen CC drehbar, welche durch die von den übirgen Teilen der Lampe isolierten Winkel K gehen; der größte Teil des Magnetgewichtes ist durch das Gegengewicht Q ausbalanciert. Aus dem Elektromagnete gelangt der Strom durch einen der Winkel K mittelst eines Drahtes in die isolierte Scheibe D, nach dem Winkel J, von wo er mit Hilfe einer Kontaktrolle r in den oberen eisernen Kohlenhalter F geleitet wird; alsdann geht er in den unteren Kohlenhalter und durch einen biegsamen Draht nach der anderen isolierten Klemmschraube A.

Vor dem langen Schenkel des Elektromagnetes befindet sich eine kleine prismatische Stange H, die sich in horizontaler oder vertikaler Richtung dem Elektromagnete nähern oder von demselben entfernen

---

*) Zentralblatt für Elektrotechnik, VIII (1886), S. 63.

kann; auf dieser Stange *H* ist ein
kleiner Schlitten verschiebbar, an
welchem mit Hilfe einer Feder
ein kleiner Eisenanker so befestigt
ist, daß er sich einige Millimeter
vor dem Pole des Magnetes befindet, dessen schwingende Bewegung durch eine Stellschraube
V begrenzt, beziehungsweise reguliert werden kann. Der auf die
Stange *F* wirkende kürzere Schenkel des Elektromagnetes ist mit
einer Messinggarnitur versehen,
welche einerseits gegen Rost
schützen, anderseits die durch
den Magnetismus eintretende
Polarisation zwischen Stange *F*
und Pol *P* verhindern soll.

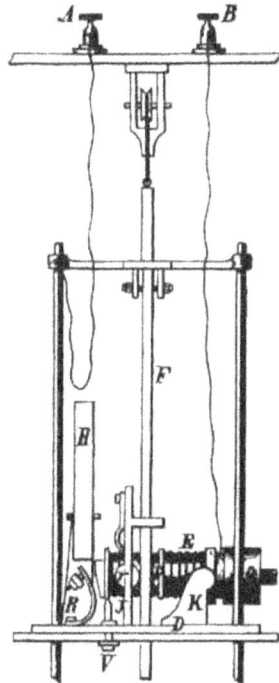

Sobald beide Klemmschrau-
ben der Lampe mit der Elektrizitätsquelle in Verbindung sind,
zieht der Elektromagnet den
Kohlenhalter, aber gleichzeitig
auch die prismatische Stange *H*
an, im selben Augenblicke wird
der entsprechende Magnetpol ge-
nötigt, sich der Stange *H* zu
nähern, wobei er eine kleine, aufwärts gerichtete Drehung um die
Spitzen *C C* macht und dabei den
oberen Kohlenträger hebt. Die
Kohlenspitzen trennen sich infolge dessen und bilden den Lichtbogen. Mit dem Wachsen desselben nimmt auch der
Widerstand zu und daher die Stromstärke ab; folglich
nimmt auch der Magnetismus in dem Maße ab, als
sich die Entfernung der Kohlenspitzen vergrößert.

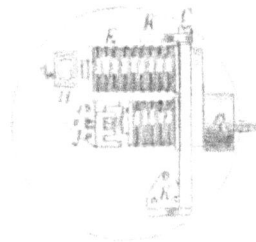

Fig. 74.

Der immer schwächer werdende Magnet gleitet dann
infolge seines Gewichtes ganz allmählich an der
Stange H herunter und bewirkt dabei eine Annäherung
der Kohlenspitzen; er setzt seine nach abwärts gerichtete Schwingung so lange fort, bis er auf die
Stellschraube V trifft. Von diesem Augenblicke an
bleibt er in Ruhe und die Kohlenspitzen bestimmen,
indem sie verbrennen, den der Stromstärke entsprechenden, die größte Lichtstärke gebenden Zwischenraum.
Alsdann vermindert sich aber die Anziehungskraft des
Magnetes in der Art, daß die Stange F des oberen
Kohlenhalters durch den Magnet nicht mehr zurück-
gehalten wird, sondern allmählich am Pol herabgleitet.

Mit der neuerlichen Annäherung der Kohlen wird
jedoch der Magnetismus wieder stärker und hält daher
abermals den Kohlenhalter zurück. Für den Fall, daß
letzterer eine zu große Annäherung der Kohlenspitzen
bewirkt, nimmt der Magnetismus soweit zu, daß sich
die Anziehungskraft der Stange H von neuem geltend
macht und die normale Entfernung der Kohlenspitzen
wieder herstellt.

Die kleine Eisenarmatur der beweglichen Feder R
bildet eine elektrische Bremse und dient dazu, die
Bewegungen des Magnetes im Anfange zu mäßigen.
Dieses Mittel hat sich als außerordentlich zweckmäßig
erwiesen; der Lichtbogen bleibt konstant und in bestimmter Höhe, da beide Kohlenträger mit passender
Geschwindigkeit beweglich sind. Der untere Kohlenträger dient gleichzeitig dazu, das Gewicht des oberen
teilweise auszugleichen, damit dieser nicht zu schwer
sei und mit Sicherheit durch den Elektromagnet bewegt
werde. Die Anordnung der Scheiben und Seidenschnüre
zur Bewegung der Kohlenhalter ist aus der Figur zu
ersehen.

Diese Lampen konnten als sogenannte Teilungs-
lichter verwendet werden, ohne eine Veränderung der
Konstruktion oder die Einschaltung anderer Apparate

zu erfordern. Sie arbeiten, zueinander parallel geschaltet mit besonderer Regelmäßigkeit, indem die eine zur Regulierung der andern dient und dieses Verhalten hat ihnen auch seinerzeit eine gewisse Bedeutung errungen.

Fig. 75.

Fig. 76.

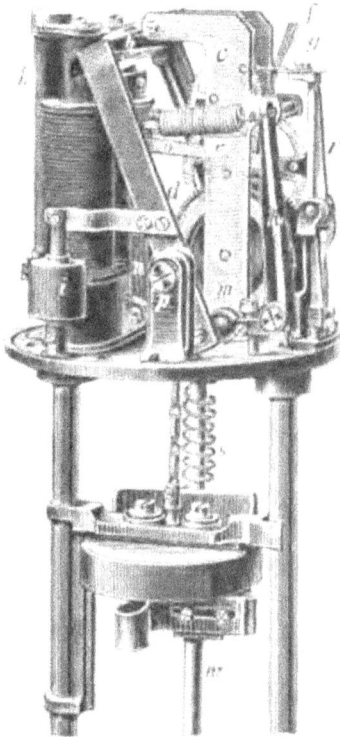

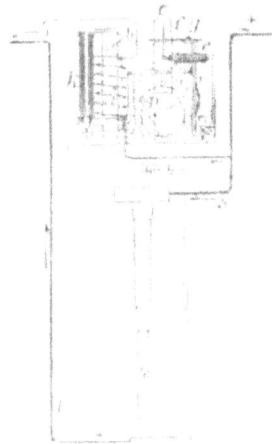

In den Fig. 75 und 76 ist die **Nebenschlußlampe** von **Körting & Mathiesen** dargestellt. Der im Nebenschluß geschaltete Elektromagnet a besitzt seitlich geschlitzte Polschuhe, in welche der Anker b mehr oder weniger tief eindringt, wenn der Magnet stärker oder schwächer erregt wird. In dem den Anker tragenden, dreieckig geformten Rahmen, der in p seinen Drehpunkt hat, befinden sich auch die Achsenlager des Laufwerkes c. An einer um die Rolle d gehenden Kette hängen die beiden Kohlenträger, welche durch die biegsamen Kupferseile s und t der Strom zugeführt wird. Die

Hemmung des Laufwerkes bewirkt die Anschlagzunge g durch Eingreifen in das Flügelrad f. Wird die Lampe eingeschaltet, so geht der Strom durch den Elektromagnet und der Anker legt sich vollkommen in die geschlitzten Magnetpole. Hierdurch wird eine Drehung des Rahmens bewirkt, welche zur Folge hat, daß die Anschlagzunge g das Laufwerk freigibt und hierdurch dem schweren oberen Kohlenträger herabzusinken gestattet, indem dieser gleichzeitig den unteren Kohlenträger hebt. Die beiden Kohlen berühren sich, schließen dadurch den Hauptstromkreis und schwächen gleichzeitig den Nebenschlußmagnet. Die an h einerseits und an dem Rahmen anderseits befestigte Feder e zieht hierauf den Anker samt dem Rahmen zurück und veranlaßt dadurch wieder die Arretierung des Laufwerkes. Da hierbei aber auch das Kettenrad verschoben wird, so gehen die Kohlen wieder auseinander und der Lichtbogen ist gebildet; er stellt sich auf das Gleichgewicht zwischen der Anziehungskraft des Elektromagnetes und der Zugkraft der Feder ein. Hat der Lichtbogen eine gewisse Länge erreicht, so ist auch der Anker so weit in die Polschuhe hineingezogen, daß die Anschlagzunge das Laufwerk freigibt und der Nachschub der Kohlen erfolgen kann. Zur Regulierung der Lichtbogenspannung dient die Schraube m, welche auf den Hebel h wirkt und dadurch die Spannung der Feder e verändert. Die Dämpfung der Ankerbewegung erfolgt durch den Luftdämpfer i. Die Einstellung des Ankers und daher auch die Lichtbogenspannung resultiert jedoch nicht ausschließlich aus dem Gleichgewichte zwischen Magnet- und Federkraft, sondern wird auch noch durch das während des Brennens sich verändernde Gewicht der Kohlen beeinflußt. Da die Querschnitte der gleich langen Kohlenstäbe, um ein gleichmäßiges Abbrennen zu erzielen, sich wie $9:4$ verhalten, so müssen die Hebelarme, an welchen deren Gewichte wirken, sich umgekehrt, nämlich wie $4:9$ verhalten,

wenn die Momente der beiden Kräfte unverändert
bleiben sollen. Wie aus der schematischen Zeichnung
zu ersehen, ist dies in der Tat durch eine entsprechende
Lage des Drehpunktes des dreieckigen Rahmens in
Bezug zum Drehpunkte des Kettenrades auch wirklich
erreicht. Eine andere Kompensation erfordert die Lampe
noch deshalb, weil durch das Warmwerden der Magnet-
spule der Widerstand derselben wächst, also die
magnetische Kraft abnimmt und daher die Lichtbogenlänge zunehmen muß. Diese Kompensation wurde bei
den ersten Lampen durch einen aus Stahl und Zink
zusammengesetzten Metallstreifen gebildet, welcher
sich wegen des verschiedenen Ausdehnungsvermögens
dieser beiden Metalle, der zunehmenden Wärme entsprechend, krümmte und dadurch die Anschlagzunge
ein wenig ablenkte, so daß diese auch bei schwächerer
magnetischer Kraft das Laufwerk freigab. Diese
Wärmekompensation wurde jedoch wegen verschiedener ihr anhaftender Übelstände durch eine neue
ersetzt, bestehend aus einem Rohrsysteme k, das aus
7 Paaren ineinandergesteckten Zink- und Eisenblechen
gebildet ist, welche wechselseitig so miteinander verbunden sind, daß sich die Differenzen der beiderseitigen
Ausdehnungen summieren. Das äußere Rohr ist an
dem Magnetsockel befestigt und der letztere innere
Teil, welcher bei Erwärmung der Lampe im Mittel
einen Weg von $0·5\,mm$ macht, überträgt diese Bewegung durch Winkelhebel n und Zugstange o auf den
die Anschlagzunge g tragenden Hebel r. Das Über-
setzungsverhältnis der Hebel ist so bemessen, daß die
Zurückdrängung der Zunge im selben Maße erfolgt,
wie die Abnahme der magnetischen Kraft.

Körting & Mathiesen haben auch eine **Doppel-
bogenlampe,** Fig. 77, gebaut, um bei einer Netzspannung von 110 V auch Bogenlampen in Einzel-
schaltung anwenden zu können und diese Lampe mit
zwei hintereinander geschalteten Lichtbogen als Neben-

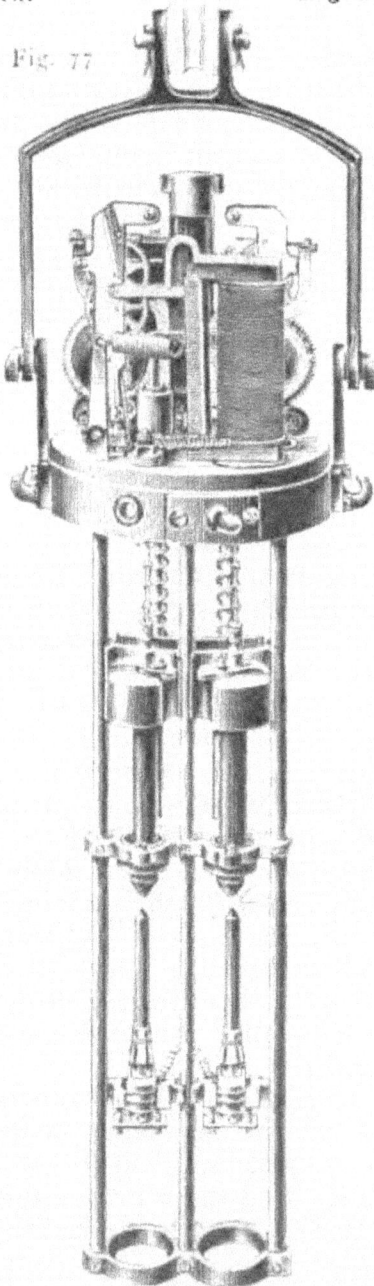

schlußlampe ausgebildet. Sie besitzt zwei miteinander vereinigte Regelwerke der vorbeschriebenen Bauart und kann natürlich auch zu zweien hintereinander geschaltet werden, wenn sie in Stromnetzen mit einer Spannung von 220 V in Verwendung kommen soll. Es darf aber allerdings nicht übersehen werden, daß die Doppellampe höhere Betriebskosten verursacht als die Einbogenlampe, weil sie zwei, wenn auch schwächere, Kohlenpaare verbraucht und die Lichtstärke zweier Lichtbogen nicht so groß ist als die eines Bogens bei gleichem Energieverbrauche.

Lampen, bei welchen die Bewegung der Kohlen nicht durch das Gewicht der Kohlenhälter, sondern durch mehr oder weniger ausgebildete Elektromotoren bewirkt wird, sind gleichfalls in größerer Anzahl gebaut worden. Es gehören hierzu nicht nur die älteren Lampen z. B. von Tschikoleff (S. 147), Schuckert,

Gray, Breguet, Maquaire, Thury, sondern auch solche neuerer Bauart, wie z. B. die Flachdecklampe von Siemens & Halske, die Wechselstromlampe der Berliner Allgemeinen Elektrizitäts-Gesellschaft und die von Utzinger erfundene Wechselstromlampe der Aktien-Gesellschaft vormals Schuckert & Co.*):

Bei der **Flachdecklampe** von **Siemens & Halske,** welche in Fig. 78 schematisch dargestellt ist, wurde der hohe Aufbau des Regulierungs- mechanismus vermieden, was namentlich für Innenbeleuch- tung geschlossener Räume von Belang ist, weil man in diesen Fällen die starken Bogenlichter möglichst nahe an der Decke anbringen soll. Die Hauptbe- standteile derselben sind der im Nebenschlusse zum Licht- bogen geschaltete Elektro- magnet N mit Selbstunter- brechung bei C, die Abreiß- feder F für dessen Anker, das Zahnrad Z mit seiner Schrau- benspindel S, die dazu ge- hörige Mutter bei M, welche den oberen Kohlenträger trägt, und der den Lichtbogen bil- dende Elektromagnet D.

Fig. 78.

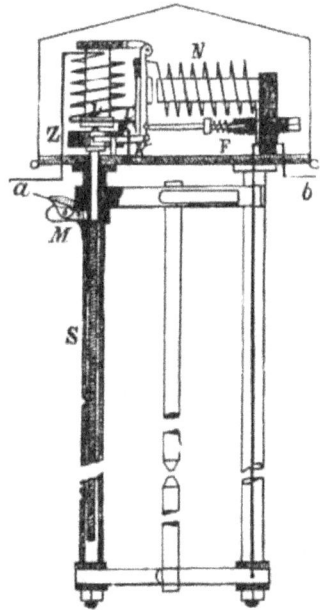

Stehen die Kohlen außer Berührung, so geht der bei a eintretende schwache Strom durch die Windungen des Elektromagnetes D, über den Kontakt bei C in die feindrähtige Bewicklung des Magnetes N und verläßt bei b die Lampe. Der Magnet N zieht seinen Anker

---

*) Uppenborn: Zeitschr. f. angewandte El., Bd. III., S. 366, 466; Bd. IV, S. 115. — Elektrotechn. Zeitschr., Bd. X (1889), S. 252. — La lumière électrique, XXVIII (1888), p. 484. — L'éclairage électrique II, p. 599. — Elektrotechn. Zeitschr. XX (1899), S. 82.

an und unterbricht dadurch den Stromkreis durch Auf-
hebung des Kontaktes bei C; sofort reißt aber die
Feder F den Anker wieder ab und stellt abermals den
oben angegebenen Stromweg her. Diese Vorgänge
wiederholen sich und bewirken eine hin- und hergehende
Bewegung von K, wodurch das Zahnrad Z gedreht
wird, so zwar, daß die mit ihr verbundene Schraubenspindel ihre Mutter und somit auch den oberen Kohlenträger herabschraubt.

Sind in dieser Weise die Kohlen miteinander zur
Berührung gebracht, so steht dem Durchgange des
Stromes ein Weg von viel geringerem Widerstande
als über die dünndrähtigen Windungen von N offen.
Es geht dann nämlich ein Strom, und zwar ein starker
Strom, von a über D bei K in das Lampengestelle,
durch den oberen und unteren Kohlenträger und verläßt durch den Draht cb die Lampe. Hierdurch erlangt
der Magnet D hinlängliche Kraft, um seinen Anker,
welchen das eiserne Rad Z bildet, anzuziehen; damit
werden die Spindel, ihre Mutter und der obere Kohlenträger gehoben und der Lichtbogen entsteht. Nimmt
der Widerstand im Stromkreise des Lichtbogens infolge
des Abbrennens der Kohlen zu, also die Stromstärke
ab, so steigt letztere in den Windungen des Elektromagnetes N und dieser veranlaßt wieder in der vorhin
angegebenen Weise ein Herabschrauben der oberen
Kohle.

Um beim Einsetzen der Kohlen den oberen Kohlen-
träger rasch hinaufschieben zu können, hat man den
Handgriff bei M zu heben, wodurch die Mutter außer
Eingriff mit der Schraubenspindel gebracht wird.

Es erübrigt nunmehr noch, Bogenlampen zu be-
sprechen, welche nicht durch ihre Bauart grundsätz-
lich von den vorbeschriebenen abweichen, sondern
sich durch ein besonderes Brennmaterial auszeichnen.
In diese Lampengruppe gehören die **Bremerlampe** und
die **Effekt-** oder **Flammenbogenlampen**. In diesen

Lampen kommen Kohlenstifte zur Verwendung, welche mit Salzen imprägniert sind. Zwar hat schon Cassel-mann (1844) solche Kohlenstifte versucht, aber hier-bei keinen praktischen Erfolg erzielt, und nicht besser erging es ungefähr 40 Jahre später Carré bei ähn-lichen Versuchen; erst H. Bremer war es (1899) ge-

Fig. 79.

Fig. 80.

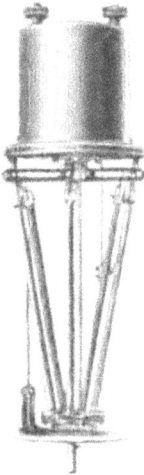

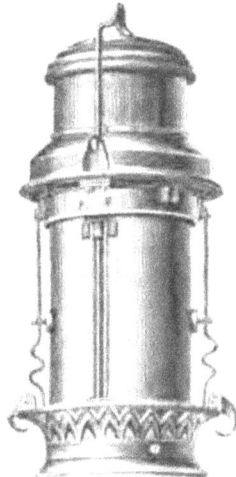

glückt, in dieser Richtung praktisch verwertbare Er-folge mit der nach ihm benannten Bremerlampe zu erzielen. Auch die Effektbogenlampen von Siemens & Halske*) gehören zu dieser Lampengattung. In den Fig. 79 und 80 ist eine solche Lampe mit schräg nach unten gerichteten Kohlen für Gleich- und

*) Elektrotechn. Zeitschr. XXIII (1902), XV.

Wechselstrombetrieb samt der zugehörigen Laterne abgebildet.

Die Bremerlampe, welche von W. Wedding**) einer genaueren Untersuchung unterworfen worden sind, werden in zwei Formen, nämlich mit, wie gewöhnlich übereinander und mit nebeneinander angeordneten Kohlen ausgeführt. Bei der ersten Lampenform sind die Kohlen paarweise in wenig von der Lotrechten abweichenden Richtungen einander gegenübergestellt und bilden drei Strombahnen, nämlich eine, in welcher der Strom von oben nach unten fließt, eine für die entgegengesetzte Stromrichtung und eine dritte, wagrechte von einer Kohle zur anderen. Diese wagrechte ist als Lichtbogen beweglich und erhält durch die beiden anderen eine Abstoßung nach außen, so daß der Bogen in Form einer fächerförmigen Flamme nach unten herausgetrieben wird. Reicht die bei kleinen Lampen angewandte Stromstärke nicht aus, um diese Erscheinung zu bewirken, so wird sie durch ein magnetisches Feld hervorgerufen, das man durch eine in den Hauptstromkreis geschaltete Spule erzeugt. Zum Zünden der Lampe kann ein Nebenschlußelektromagnet benützt werden, der die Kohlen zur Berührung bringt. Sind daher die Kohlen auf der einen Seite pendelnd aufgehängt, so kann der Nebenschlußelektromagnet auch zur Regulierung bei ungleichförmigem Abbrande der Kohlen benützt werden. Der Nachschub der Kohlen wird nicht stoßweise, sondern fortwährend durch das Gewicht der Kohlen und eine zusätzliche Belastung derselben bewirkt und fällt der ganze umfangreiche Mechanismus der sonst gebräuchlichen Bogenlampen weg. Bremer stülpt über die Kohlenenden ein kegelförmiges Blechrohr, um einerseits die Wärme besser zusammenzuhalten und somit eine höhere Temperatur zu erzielen und weil anderseits die festen Verbrennungsprodukte, z. B. Calciumverbindungen sich als feines

---

*) Elektrotechn. Zeitschr. XXI (1900) 546; XXIII (1902) 7c2.

weißes Pulver darauf niederschlagen und dadurch einen
vorzüglichen Scheinwerfer bilden, der das Licht auf
eine größere Fläche verteilt, so daß die Lampe weniger
blendet als andere Bogenlampen.

Durch den Zusatz von entsprechenden Salzen zur
Lampenkohle werden zwei Vorteile erreicht, nämlich
eine größere Lichtausbeute bei gleichem Energieauf-
wande und eine bessere Farbe des Lichtes als bei
Benützung gewöhnlicher Kohle. Wedding fand bei
Flußspatzusätzen von 8 bis $40^0/_0$, daß die Lichtzunahme
von 8 bis $15^0/_0$ Zusatz zunächst sehr rasch wächst,
wobei das Maximum sich in der Lotrechten nach abwärts ausbildet und gleichzeitig der spezifische Verbrauch rasch sinkt. Über $15^0/_0$ Zusatz ist nur mehr
eine sehr langsame Änderung merkbar. Durch die Art
des Zusatzes kann die grau-violette Farbe des gewöhnlichen Bogenlichtes beliebig geändert werden, indem
demselben durch Verbindungen von Calcium eine gelbe,
von Strontium eine rote und von Barium eine weiße
Färbung gegeben wird. Bei $7^0/_0$ Zusatz im Mantel
der positiven Kohle erhielt Wedding

	Kerzen mittlerer hemisphärischer Lichtstärke	bei Watt spezifischen Verbrauch für die Kerze
für gelb	1818	0·235
für rot	1430	0·299
für weiß	1768	0·242

Für Wechselstromlampen mit V-förmig gestellten
Kohlen ergab sich derselbe spezifische Verbrauch wie
für die Gleichstromlampen.

Bei der Tränkung der oberen positiven Kohle
einer Gleichstromlampe mit übereinander angeordneten
Kohlen ergaben sich für

3   5   7 $^0/_0$ Zusatz
790   1230   1300 K mittlere hemisphär. Lichtstärke
bei 0·484 0·311 0·296 W spezifischem Verbrauch.

Das Lichtmaximum tritt nicht in der Senkrechten, sondern zwischen 30° und 70° auf. Der spezifische Verbrauch ist bei übereinander angeordneten Kohlen und bei derselben Menge des Zusatzes höher als bei nebeneinander angeordneten Kohlen, so zwar, daß im ersten Falle der spezifische Verbrauch für weißes Licht (0·296 W) ungefähr dem Verbrauche für rotes Licht im zweiten Falle (0·299 W) entspricht. Man kann eine beliebige Bogenlampe mit dem bisherigen bläulichen Lichte durch eine Flammenbogenlampe mit übereinander angeordneten Kohlen für rotes Licht ersetzen, ohne die Wirtschaftlichkeit zu ändern.

Im Vergleiche mit dem gewöhnlichen Lichtbogen ist der Flammenbogen in viel höherem Maße an der Lichtentwicklung beteiligt, da er hierzu ungefähr 25% beiträgt, während auf den gewöhnlichen Lichtbogen nur 5% entfallen. Auch die Kohlen strahlen im Flammenbogen wesentlich mehr Licht aus als im gewöhnlichen Lichtbogen, wobei es noch aufzuklären bleibt, ob diese stärkere Lichtausstrahlung nur auf eine höhere Temperatur, bewirkt durch die Anwesenheit des Calciums, zurückzuführen ist.

Ein Nachteil des Flammenbogenlichtes ist die Unruhe des Lichtbogens, doch scheint der Vorwurf, daß durch die Anwesenheit von Bor- und Fluorverbindungen in der Kohle gesundheitsschädliche Verbrennungsprodukte erzeugt werden, nach Untersuchungen, die an der Berliner technischen Hochschule durchgeführt worden, nicht begründet zu sein, da Fluor, Fluorbor und Fluorwasserstoff im Lichtbogen nicht gebildet werden.

4. Kohlen für Bogenlampen.

Wie man aus vorstehenden Abschnitten ersehen kann, ist an Lampen der mannigfachsten Bauart durchaus kein Mangel mehr. Sie alle können aber, selbst die zweckmäßigste Konstruktion vorausgesetzt, nur dann wirklich zufriedenstellende Dienste leisten, wenn man sich solcher Kohlenstäbe bedient, die gleichfalls allen Anforderungen entsprechen. Wie mitgeteilt wurde, hat Davy, als er zum erstenmale den Lichtbogen erzeugte, Stäbe aus Holzkohle verwendet. Es wurde auch bemerkt, daß sich dieses Material zum Zwecke der Lichterzeugung durch Elektrizität gleich anfangs als unbrauchbar erwies. Foucault ersetzte es durch Retortenkohle. Aber auch diese gab kein zufriedenstellendes Resultat. Die Erzeugung der letzteren, an den Innenwänden der Gasretorten in beständiger inniger Berührung mit Mineralkohle, bringt es mit sich, daß ihre Masse sich nicht gleichmäßig aus Kohlenstoff zusammensetzt, sondern mit mineralischen Bestandteilen mehr oder weniger, häufig unregelmäßig vermischt ist. Die aus solcher Kohle geschnittenen Stäbe können daher kein ruhiges, gleichmäßiges Licht geben, da bei ihrer Anwendung Kohlenteilchen und mineralische Bestandteile in mehr oder weniger unregelmäßigen Zeiträumen zum Glühen kommen und hierbei ganz ungleichförmige Lichtstärken erzeugen. Die mineralischen Bestandteile wirken auch dadurch schädlich, daß sie zum Teile schmelzen, zum Teile verdampfen, das Licht verschieden färben, zur Zersplitterung der Kohle, zum »Spritzen« derselben, Veranlassung geben. Man sah sich daher gezwungen, die Lampenkohlen eigens für diesen Zweck darzustellen. Ohne die Namen jener Männer, welche sich um die Darstellung brauchbarer Kohlenstäbe Verdienste erworben haben, alle aufzuzählen — die Reihe ist eine stattliche*) — mögen hier nur einige genannt werden.

---

*) Z. B. Staite, le Molt, Watson & Slater, Lacassagne & Thiers, Curmer, Peyret, Archereau und H. Fontaine: Die elektrische Beleuchtung. Deutsch von F. Roß, II. Aufl. (1880), S. 71—89. — Ferner: Elektrotechnische Zeitschrift, IV (1883), S. 186; X (1889), S. 435. — Zentralblatt für Elektrotechnik, Bd. X (1888), S. 9, 607. — La lumière él., Tom. IX (1883), p. 190; Tom. XII

Jacquelain versuchte die künstliche Darstellung der Retortenkohle unter Vermeidung jener Umstände, welche deren Verunreinigung mit mineralischen Bestandteilen bewirken. Er nahm Teer, welcher als Destillationsprodukt frei von allen nicht flüchtigen Bestandteilen ist, und zersetzte diesen an stark erhitzten Flächen. Die auf solche Weise erzeugte Retortenkohle wurde in Stäbe zersägt und war hart und dicht wie die Retortenkohle. Sie lieferte ein vollkommen ruhiges Licht, dessen Intensität um $25^0/_0$ höher war als jene, welche man, gleiche Stromintensität vorausgesetzt, mit gewöhnlichen Retortenkohlen erzielen konnte. Leider gestaltet sich die Herstellung derartiger Kohlenstäbe zu kostspielig; es erfordert viel Arbeit, das sehr harte Material in Stäbe zu zersägen, und überdies gehen eine Menge Abfälle verloren.

Später hat Jacquelain (in Wiedemanns Beiblättern) folgendes Verfahren zur Darstellung reiner Kohlen angegeben: Prismatische Gaskohlenstäbe werden erst bei Weißglut mindestens 30 Stunden einem Chlorstrom, dann zur Ausfüllung ihrer Poren weißglühend in einem Zylinder von unschmelzbarem Ton langsam den Dämpfen von schwerem Steinkohlenteeröl ausgesetzt. Auch werden die Kohlen mit geschmolzenem Natron und dann mit destilliertem Wasser behandelt, um Kieselsäure und Tonerde zu entfernen; darauf mit Salzsäure und destilliertem Wasser zur Entfernung des Eisens und der alkalischen Erden. Endlich kann man die Kohlen in einem mit 1 Volumen Fluorwasserstoffsäure und 2 Volumen Wasser gefüllten Bleitrog 24 bis 28 Stunden bei 15 bis 25^0 C. einsenken, waschen und während 3 bis 6 Stunden karbonisieren.

(1884), p. 113. — L'électricité, Vol. XII (1888), p. 23, 67, 136. — Zeitschrift für angewandte Elektrotechnik, Bd. III, S. 456. — Elektrotechnischer Anzeiger, 1898. S. 746; 1899, S. 107. — Elektrotechnische Zeitschrift XXI (1900), S. 546; XXII (1901), S. 320, 584; XXIII (1902), 703. — J. Zellner: Die künstlichen Kohlen für elektrotechnische und elektrochemische Zwecke. Berlin, 1903. J. Springer.

Große Verdienste um die Herstellung der Lichtkohlen hat sich Carre erworben. Nach langwierigen
und eingehenden Versuchen kam er endlich zu einem
Verfahren, welches er sich im Jahre 1876 patentieren
ließ. Er empfiehlt hierin ein Gemenge von gepulvertem
Koks, calciniertem Ruß und einem eigenen Sirup, der
aus 30 Teilen Rohrzucker und 12 Teilen Gummi bereitet ist. Von diesem Sirup werden 7 bis 8 Teile mit
5 Teilen Ruß und 15 Teilen Koks vermischt. Der
hierzu verwendete Koks muß aus dem besten Materiale
erzeugt sein, fein gemahlen und durch Wasser oder
heiße Säuren gewaschen werden. Das ganze Gemenge
wird mit etwas Wasser zu einem Teige verarbeitet,
dieser komprimiert und durch eine Presse in die Form
von Stäben gebracht. Die so erhaltene Stäbe kommen
dann in Tiegel und werden längere Zeit einer hohen
Temperatur ausgesetzt. Das einmalige Glühen genügt
jedoch nicht zur Herstellung konsistenter Kohlen; sie
sind nach dieser Operation noch zu porös. Um die
Poren auszufüllen, werden die Stäbe in einen sehr
konzentrierten Sirup von Rohrzucker oder Karamel-
zucker gebracht und 2 bis 3 Stunden gekocht. Während
dieser Periode kühlt man die Kohlenstäbe einigemale
stark ab, damit der Luftdruck den Sirup in alle Poren
hineinpressen kann. Die Kohlen werden dann zur Entfernung des an ihrer Oberfläche noch haftenden
Sirups mit Wasser abgespült und einem abermaligen
Brennen unterworfen. Diese Operationen müssen so
oft wiederholt werden, bis die Kohlen eine hinreichende
Dichte und genügende Härte erreicht haben.

Gauduin hat gleich Carré zahlreiche Untersuchungen angestellt, bevor er dazu gelangte, gute
Kohlenstäbe zu erzeugen. Da ihm die Kohle, welche
bei den gewöhnlichen Verfahren in den Retorten erhalten wird, zu wenig rein erschien, entschloß er sich,
die Kohle selbst zu bereiten und hierbei alles zu vermeiden, was der Reinheit der Kohlen Abbruch tun

könnte. Es wurden deshalb zur Destillation keine Kohlen
verwendet, sondern Pech, Teer, Harz, künstliche und
natürliche Mineralöle u. s. w. Es bleibt dann eine
mehr oder weniger feste Kohle in den Destilliergefäßen
zurück, die fein gepulvert und dann mit Teer gemengt
wird. Aus der so erhaltenen, teigartigen Masse werden
die Stäbe durch eine hydraulische Presse erzeugt.

Napoli benützte zur Herstellung seiner Kohlen-
stäbe gleichfalls eigens zu diesem Zwecke dargestellte
Retortenkohle, indem er Goudron der trockenen Destillation unterwirft. Die Kohle wird gemahlen, auf
Schüttelsieben gesiebt und kommt dann in ein Gefäß,
in welchem sich ein Paar Mühlsteine bewegen. Durch
Beifügung einer bestimmten Menge Goudron und die
Bewegung der Mühlsteine entsteht ein gleichmäßiger
Brei, der in die Presse gebracht wird. Diese ist in
Fig. 81 im Längsschnitte dargestellt. Der Preßzylinder besteht aus zwei miteinander verschraubten Guß-
teilen, deren unterer gekrümmt ist und drei Mundstücke trägt. Die Krümmung des Preßzylinders hat
sich als notwendig herausgestellt, da wegen der Zähig-
keit der Masse der Druck sich nicht gleichmäßig fort-
pflanzt, und daher auch keine gleichförmige Masse
erhalten werden konnte. Den Preßzylinder umschließt
ein Dampfrohr, um die Masse während des Pressens
geschmeidig zu erhalten, und aus demselben Grunde
legt man auf die Mundstücke glühende Eisenblöcke.
Die Pressung selbst wird durch hydraulischen Druck
bewerkstelligt.

Die auf diese Weise erzeugten Kohlenstäbe werden
dann nach und nach bis zur Rotglut erhitzt, um den
noch enthaltenen Goudron zu zersetzen. Die Temperatur
muß langsam erhöht werden, damit die Zersetzung
allmählich erfolgt und die Gase Zeit finden, zu entweichen. Die Kohlen ziehen sich hierbei beträchtlich
zusammen. Nachdem man sie langsam erkalten ge-
lassen, erhitzt man sie abermals, aber jetzt bis zur

hellen Rotglut. Nachdem sie wieder abgekühlt sind, haben sie eine stahlgraue Färbung und hinreichende Härte und Festigkeit. Die Lampen verbrauchen von solchen Stäben stündlich 75 mm, während sie 250 mm Carréscher Kohlen bedürfen.

Fig. 81.

Fig. 82.

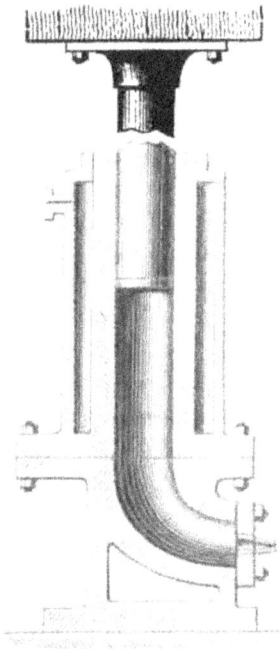

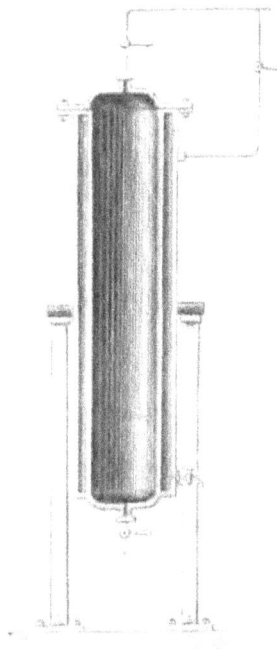

Wünscht man Kohlen von noch größerer Dichte herzustellen, so muß man sie nochmals tränken; dies kann aber nicht durch bloßes Eintauchen der Kohlen geschehen, da hierbei wegen der schon ziemlich bedeutenden Dichte derselben die Flüssigkeit nicht mehr in die Poren eindringen würde. Sie werden daher in einen Zylinder gegeben (Fig. 82), der von einem Dampfstrom behufs Erwärmung umspült ist, dann die Luft

aus dem Zylinder und den darin befindlichen Kohlen
evakuiert, worauf man durch einen am Boden des
Zylinders angebrachten Hahn die Flüssigkeit hinein-
treten läßt. Dann schließt man diesen Hahn, öffnet
den oben angebrachten Hahn, der die Verbindung
des Zylinders mit dem Dampfkessel herstellt, und läßt
durch den Dampfdruck die Flüssigkeit in die Poren
der Kohlen hineinpressen. Hierauf wird die Flüssigkeit abgelassen und ein Dampfstrom durch den Zylinder gesandt, der die Kohlen von der oberflächlich
anhaftenden Flüssigkeit befreit und zugleich die
leichter flüchtigen Kohlenwasserstoffe mitführt. Den
Schluß des ganzen Verfahrens bildet ein abermaliges
Ausglühen der Kohlenstäbe.

In Döbling (bei Wien) erzeugte Hardtmuth
Lampenkohlen verschiedener Dimensionen und insbesondere auch Dochtkohlen, d. h. Kohlen, die im
Innern aus weicherer Kohle gebildet sind als die diese
Art Docht umschließende Hauptmasse der Kohlenstäbe.
Es werden zunächst aus der plastischen Kohlenmasse
hohle Kohlenstäbe gepreßt, diese getrocknet und gebrannt, dann mit Kohlenwasserstoffen getränkt und
abermals gebrannt. Hierauf erfolgt erst das Einpressen
der den Docht bildenden Kohlenmasse.

Mignon und Rouart ließen sich den in Fig. 83
abgebildeten Apparat zur Anfertigung von Dochtkohle
patentieren, mit dessen Hilfe sie sowohl die Hülle als
auch den Kern oder Docht der Kohlen gleichzeitig
aus einer pastosen Masse anfertigen, so daß diese
Kohlen als vollendete Dochtkohlen den Apparat verlassen. In den beiden Bohrungen der Form M arbeiten
zwei Kolben P und r, durch deren Verschieben in
leicht ersichtlicher Weise sowohl die Kernmasse als
auch die Umhüllungsmasse nach dem Mundstücke T
zu gepreßt werden, um daselbst vereinigt auszutreten.
Gegenwärtig gilt als bestes Rohmaterial für Lichtkohlen
Ruß und als Bindemittel Teer; andere Rohmaterialien

sind Anthracit, Koks, namentlich Petroleumkoks, auch natürlicher und Retortengraphit. Ferner werden gewisse Zusätze verwendet, welche die Brenndauer verlängern oder die Leuchtkraft erhöhen, wobei zu bemerken ist, daß Stoffe, welche die Leuchtkraft erhöhen, die Brenndauer verkürzen und umgekehrt Stoffe, welche die Brenndauer verlängern, die Leuchtkraft herabsetzen. Die Reinheit der Rohmaterialien ist von größter Bedeutung, da von derselben das ruhige, gleichmäßige Brennen der Lichtkohlen abhängt.

Fig. 83.

Von Melasse als Bindemittel ist man ganz abgekommen, und zwar hauptsächlich wegen der vielen anorganischen Bestandteile, welche dieselbe enthält. Bei der Herstellung der Kohlen verfährt man dann nach J. Härdens*) Angaben in nachstehender Weise. Sind die Materialien nicht pulverförmig, so werden sie zunächst auf Pulvermühlen, als welche eine Kugel-, Stampf- oder Rohrmühle dienen kann, vermahlen, was aber den Übelstand mit sich bringt, daß Eisenteilchen sich losreiben und mit der Masse vermischen. Die Rohrmühle wird, um diesen Übelstand zu vermeiden, häufig in entsprechender Weise ausgekleidet. Als Zerkleinerungsmaschine und hauptsächlich zum Durchkneten der fertigen Masse kann auch der Kollergang Verwendung finden. Der in besonderen Fabriken hergestellte Ruß wird häufig vor seiner Verwendung calciniert, indem man ihn mit Teer vermischt, aus dieser Masse die sogenannten Rußnudel preßt und

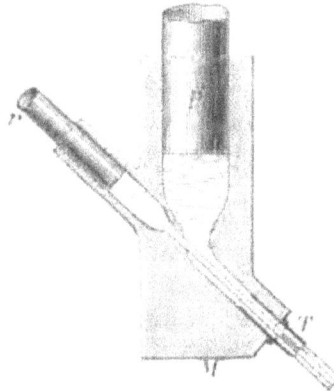

*) Elektrotechnische Zeitschrift XXII (1901), S. 320.

diese im Ringofen brennt, worauf sie in gewöhnlicher
Weise vermahlen werden. Besonders sorgfältig muß
das Rohmaterial von Eisenteilchen gereinigt werden,
weil sogar schon die beim Pressen vom Mundstück
abgeschliffenen Eisenteilchen beim Brennen ein flackern-
des Licht erzeugen. Das Rohmaterial wird daher zunächst
über einen mit kleinen Stahlmagneten besetzten endlosen
Riemen geleitet, um so die kleinen, gewöhnlich aus der
Mühle stammenden Eisensplitter zu entfernen. Hierauf
folgt eine Behandlung mit Salzsäure und Wiederaus-
waschen derselben in großen Filterpressen. Das in
die gewünschte Form gebrachte Material wird dann
mit heißem Teer versetzt und in Mischmaschinen
gemischt. Die Zusammensetzung der Mischungen erfolgt in den einzelnen Fabriken nach eigenen, geheim
gehaltenen Vorschriften. Die nach dem Mischen vor-
zunehmende Behandlung, wodurch der Masse eine
größere Gleichförmigkeit erteilt wird, geschieht am
besten auf einem mit Steinwalzen versehenen Kalander.

Das hierauf folgende Pressen der Masse erfolgt
in zwei Absätzen; zuerst erhält dieselbe in einer Vor-
presse die Form von Zylindern, welchen man ungefähr
eine Länge von 30 *cm* und einen Durchmesser von
15 *cm* gibt, und dann erst kommt sie in eine horizontale
Strangpresse. Diese Pressen, von welchen eine in
Fig. 84 im Schnitte dargestellt ist, werden gewöhnlich
hydraulisch betrieben. Den wichtigsten Teil der Presse
bildet das Mundstück, dessen Form maßgebenden Einfluß auf das Erzeugnis ausübt, indem bei ungeeigneter
Form die Kohle brüchig wird oder keine glatte Oberfläche zeigt. Bei der Herstellung von Dochtkohlen
muß beim Pressen eine röhrenförmige Kohle hergestellt
werden, was man dadurch erreicht, daß man das Mundstück (Fig. 85) mit einer sogenannten Nadel versieht,
die der Kohle eine Bohrung in der Längsrichtung
gibt. Ein am Mundstück angebrachtes Rädchen drückt
auch gleichzeitig die Fabriksmarke auf die Kohle.

Die Kohlen werden nun in passende Längen ge-
schnitten und in Tiegeln gebrannt, nachdem sie in
Bündel von 12—15 Stück mit gewöhnlichen Bindfaden
zusammengebunden worden sind, wobei das Zusammen-
binden nur den Zweck hat, das Einpacken zu er-
leichtern. Die Längen und überhaupt die Abmessungen

Fig. 84.

Fig. 85.

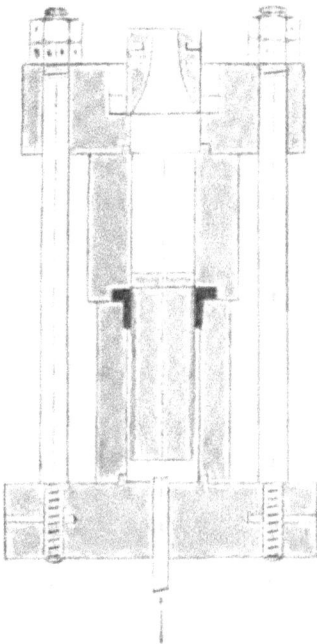

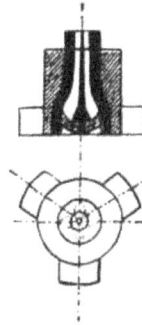

der Kohlenstifte sind auf
Grund sorgfältiger elektrischer und photometrischer
Messungen mit Rücksicht
auf die Stromstärke und
die sonstigen Verhältnisse,
für welche die Stifte be-
stimmt sind, zu bemessen. So
ist zunächst zu beachten,
daß bei Gleichstrom die
positive Kohle fast doppelt so schnell abbrennt als
die negative und daher doppelt so lang sein muß,
oder, da man auf diese Weise bei Kohlenstiften für
lange Brenndauer zu lange Kohlenstifte herstellen
müßte, einen größeren Querschnitt erhalten muß.

Die Abmessungen, welche die Kohlen im allgemeinen erhalten, werden von verschiedenen Fabriken
verschieden gewählt. Heinz gibt den Querschnitt pro

Ampère Stromstärke mit 20—33 oder im Mittel 28 mm^2
für die obere Dochtkohle und mit 7—15, im Mittel
11 mm^2 für die untere Homogenkohle an. Bei Wechselstrom, für welchen gewöhnlich die obere und die untere
Kohle gedochtet zur Verwendung kommen, können die
Abmessungen beider Kohlen fast gleich sein; die obere
Kohle verbrennt nur deshalb etwas langsamer, weil
sie zumeist mit einem unmittelbar oberhalb des Bogens
(nach Coerpers Vorgange) angeordneten Reflektor
versehen ist.

Fig. 86.

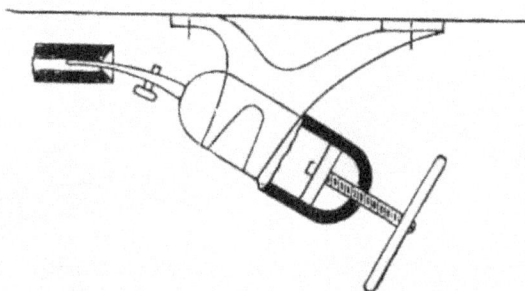

Sind die Kohlenstifte gebrannt, was bei einer
Temperatur von ungefähr 1300⁰ C. erfolgt, so werden
sie abgeputzt, gegebenen Falles poliert und auf Kar-
borundumscheiben zugespitzt. Hierauf wird bei zu
dochtenden Stiften der Docht mittels einer Spritze
(Fig. 86) oder besondere durch Motoren betriebene
Dochtmaschinen eingebracht. Da die Kohlen nach
dem Dochten nicht mehr gebrannt werden, verwendet
man als Dochtmasse zermahlene, schon gebrannte
Ausschußlichtkohlen und benutzt hierbei Wasserglas
und Borsäure als Bindemittel. Des Zusatzes anderer
Salze in bestimmten Fällen wurde bereits bei Beschreibung des Flammenbogenlichtes (S. 188) aus-
führlich gedacht.

Die Anforderungen, welche man an gute Kohlenstifte stellt, sind ziemlich mannigfache; namentlich

sollen die Kohlen bei billigem Preise ruhig brennen
ohne zu flackern und dabei möglichst wenig Asche
hinterlassen, sie sollen eine lange Brenndauer besitzen,
für eine gegebene Lichtstärke geringen Energieverbrauch
aufweisen und auch keinen zu großen Leitungswiderstand besitzen. Letzterer oder umgekehrt das elektrische Leitungsvermögen steht mit der Leitungsfähigkeit
für Wärme in enger Beziehung. Früher hat man auf
gutleitende Kohlenstäbe viel Gewicht gelegt und dieselben zur Erreichung dieses Zweckes verkupfert. Der
Spannungsverlust in den Kohlen ist aber so gering,
daß man ihn in der Praxis ganz vernachlässigen kann.
Dagegen sind die übrigen schätzenswerten Eigenschaften der Kohlen, als Härte, Dichtigkeit und Reinheit, gewöhnlich auch mit guter Leitungsfähigkeit
verbunden. Für sich allein genommen müßte man geringe Wärmeleitungsfähigkeit von den Kohlen fordern
und der Einfluß dieser Eigenschaft ist auch nicht etwa
als gering anzusehen, da die Energie, welche von den
Flächen der Kohlenstifte als dunkle Wärme ausgestrahlt
oder an die Luft abgegeben wird, auf jeden Fall einigemale so groß ist als diejenige, welche von den weißglühenden Spitzen ausgestrahlt wird. Inwieweit sich
die Wärmeleitungsfähigkeit von den übrigen guten
Eigenschaften der Kohle trennen läßt, könnte erst
durch eine besondere Untersuchung in Erfahrung gebracht werden.

Da der Leitungswiderstand einen guten Anhaltspunkt für die Beurteilung der Güte einer Kohle gibt,
ist es empfehlenswert, systematische Messungen vorzunehmen. Obwohl nun derartige Messungen keine
besonderen Schwierigkeiten verursachen, werden selbe
doch erleichtert und vereinfacht, wenn man sich hierbei speziell für diesen Zweck konstruierter Meßvorrich-
tungen bedient, wie eine solche z. B. von Hartmann
& Braun zusammengestellt wurde.

Bei diesem in Fig. 87 in perspektivischer Ansicht

dargestellten Apparate wird der zu messende Kohlenstab in zwei an leicht biegsamen Kabeln befindlichen
Klemmen befestigt und zwischen zwei federnde Kontakte gesteckt; einer derselben steht fest, der andere
kann verschoben werden. Nachdem der Stab so ein-
geklemmt ist, wird die Batterie zeitweilig geschlossen
und der eine bewegliche Kontakt des Normaldrahtes
so lange verschoben, bis das Galvanometer bei Stromschluß in Ruhe bleibt. Die Skala gibt dann den Widerstand in Ohm direkt an. Um die Messung möglichst
rasch ausführen zu können, verwendet man ein stark
gedämpftes Galvanometer. Die Schaltung des Apparates
ist aus der schematischen Fig. 88 zu ersehen. Der
Widerstand schwankt gewöhnlich zwischen 6o bis
120 Ω pro Meter Länge und Quadratmillimeter Querschnitt. Bei höherem Widerstande tritt eine starke Erwärmung des Kohlenstiftes und dementsprechender
Effektverlust ein.

Geben nun auch Widerstandsmessungen einen
Anhaltspunkt zur Beurteilung der Kohlenstifte, so sind
sie hierfür doch keineswegs ausreichend und da verschiedenen Stromverhältnissen auch verschiedene Kohlen-
sorten am besten entsprechen, so ist es zweckmäßig,
die Stiften in jener Lampenart zu prüfen, für welche
sie bestimmt sind. Die Lampe wird hierbei in einen
Kasten eingeschlossen, dessen eine Seitenwand mit
Linsen versehen ist, um das Bild des Lichtbogens
auf einen gegenüber gestellten weißen Schirm werfen
zu können; auch ist durch Anbringung entsprechender
Blenden die Beobachtung der Form des Lichtbogens
zu ermöglichen. Sind die Kohlen für Gleichstrom bestimmt, so muß der Krater der positiven Kohle regelmäßige
Kanten ohne Risse zeigen und die negative Kohle gleichmäßig zugespitzt erscheinen. Der Lichtbogen muß ruhig im
Krater verbleiben und darf nicht als violette Flamme her-
umflackern und zischen, was gewöhnlich eintritt, wenn
der Docht ungleichmäßig ist und Stücke desselben aus

dem Krater herausfallen oder wenn überhaupt das
Rohmaterial nicht genügend rein ist, so daß sich auf
den Kohlenstiften kleine Kügelchen aus geschmolzenen
Silikaten bilden oder Schaum entsteht, der bis in den
Mechanismus der Lampe eindringen und daselbst
Störungen verursachen kann. Sind die Kohlen eisenhältig,
so bildet sich namentlich um die untere ein roter Ring.

Fig. 87.

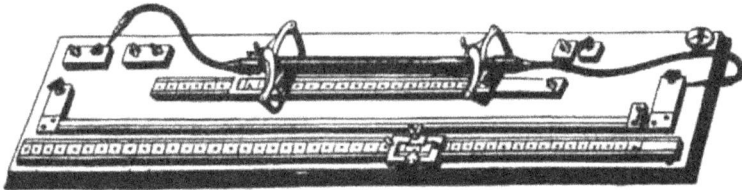

Fig. 88.

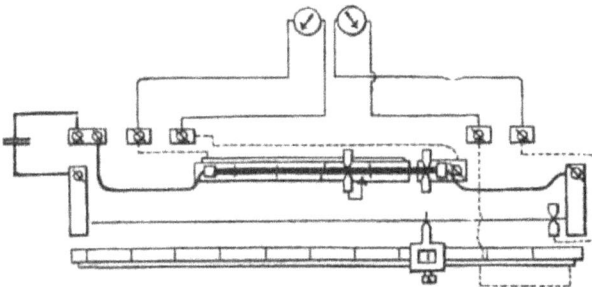

Auch die Hinterlassung von Asche deutet auf eine
mangelhafte Reinigung des Rohmaterials. Die Struktur
der Kohle und die Beschaffenheit des Bindemittels er-
kennt man durch Einsetzen der Kohlenstifte als Elektroden in eine elektrolytische Zersetzungszelle, welche
mit Ätzkali oder Ätznatron beschickt ist. Hat das
Bindemittel nicht die erforderliche Beschaffenheit, so
wird es alsbald aufgelöst, die positive Kohle wird
durch den daselbst elektrolytisch ausgeschiedenen Sauer-

stoff angegriffen und die Struktur der Kohle bloßgelegt, beziehungsweise geändert.

Um die Schwankungen des Lichtes, welche von Schwankungen in der Spannung und Stromstärke begleitet sind, aufzeichnen zu können, schaltet man in den Stromkreis der Lampe registrierende Volt- oder Ampèremeter ein. Die von den letzteren aufgezeichnete Kurve wird dann bei guten Kohlen äußerst geringe Abweichungen von der Geraden zeigen, bei schlechten Kohlen aber eine mehr oder weniger unregelmäßige Zickzacklinie bilden. Und endlich die Lichtausbeute bestimmt man durch Photometrieren *) bei gleichzeitiger Messung der verbrauchten Energie.

VII.

Elektrisches Heizen.

Die Verwendung des elektrischen Stromes zum Kochen und Heizen bietet in technischer Beziehung keine besonderen Schwierigkeiten; hingegen muß in wirtschaftlicher Beziehung in erster Linie der Strompreis in Betracht gezogen werden. Im allgemeinen werden sich die Kosten der elektrischen Beheizung vielfach höher stellen als jene der gegenwärtig üblichen Heizanlagen. Gibt doch die Dampfmaschine nur einen kleinen Bruchteil, ungefähr 7—8% von der Verbrennungswärme der Kohle als mechanische Arbeit wieder und die Umwandlung der letzteren in elektrische Energie und dieser in Wärme bringt neuerliche Verluste mit sich, während in den gebräuchlichen Heizvorrichtungen die Verbrennungswärme der Kohle direkt

---

* Bd. XXXII: Dr. Hugo Krüß, Die elektrotechnische Photometrie.

zur Verwendung gelangt. Anderseits darf aber auch nicht übersehen werden, daß bei den gewöhnlichen Heizvorrichtungen gleichfalls ein erheblicher Bruchteil dieser Verbrennungswärme verloren geht. Solche Verluste werden herbeigeführt durch die aus dem Schornsteine abziehenden Verbrennungsgase, durch die Rohrleitungen in Zentralanlagen, durch die nicht zum Kochen benützbare ausstrahlende Wärme in den Küchen u. s. w. Ferner kann sich der Preis der elektrischen Energie auch dadurch niedriger stellen, daß das Elektrizitätswerk nicht durch Dampf-, sondern durch Wasserkraft betrieben wird und endlich sind auch die Dampfzentralen in der Lage, für Heiz- und Kochzwecke die elektrische Energie zu einem billigeren Preise abzugeben als für die Beleuchtung, da das Kochen und Heizen zumeist während der hellen Tagesstunden erfolgt, in welchen das Elektrizitätswerk sonst fast gar nicht ausgenützt wird. Aber auch die besonderen Vorzüge der elektrischen Beheizung erfordern Berücksichtigung; es sind dies die vollständige Vermeidung von Verbrennungsprodukten, die äußerst bequeme und absolut reinliche Handhabung, die bedeutend erhöhte Feuersicherheit, die Möglichkeit ihrer sofortigen Betätigung und Abstellung, die Freiheit in der Formgebung der Heizkörper und in der Beweglichkeit der letzteren u. s. w.

Die für die elektrische Beheizung erforderliche Energie läßt sich leicht berechnen. Da 1 Wattstunde rund gleich $367\,kg/m$ ist und 1 Kalorie $= 435\,kg/m$, so beträgt 1 Wattstunde 0·841 Kalorien oder 1 Kalorie rund 1·2 Wattstunden. Soll also z. B. 1 Liter Wasser von 0° C. auf 100° C. erhitzt werden, so sind hiefür 120 Wattstunden erforderlich, und wenn diese Erhitzung in 10 Minuten ($^1/_6$ Stunde) erreicht werden soll, 720 Watt. Ist die Betriebsspannung des zur Verfügung stehenden Stromes 100 V, so ergibt dies eine Stromstärke $\left(J = \dfrac{W}{V}\right)$ von 7·2 A. Um letztere im

Heizkörper zu erhalten, müssen die Heizdrähte so bemessen werden, daß ihr Widerstand $\left(R = \dfrac{V}{A}\right)$ ungefähr 14 Ohm ist.

In den Heizapparaten, welche gegenwärtig Verwendung finden, wird sowohl der Voltabogen als auch jene Wärme benützt, welche in geschlossenen Leitern auftritt, wenn dieselben einen entsprechenden Widerstand besitzen. Die ersterwähnte Methode gelangt hauptsächlich zur Erzeugung hoher Hitzegrade zur Verwendung, wie solche im Schmelzofen, zum Löten, Schweißen u. dgl.*) erforderlich sind, doch ist immerhin z. B. auch ein Plätteisen mit Lichtbogenbeheizung bereits konstruiert worden. Die letzterwähnte Methode, welche zur Hervorbringung geringerer Hitzegrade besonders geeignet erscheint, kommt namentlich beim Heizen im engeren Sinne beziehungsweise beim Kochen in Betracht.

Was die Heizkörper selbst anbelangt, so sind dieselben in verschiedener Art und, je nachdem sie für mancherlei Zwecke dienen sollen oder nur eine bestimmte Anwendung zu ermöglichen haben, auch in verschiedenen Formen hergestellt worden. **Carpenter, Crompton** u. a. nehmen Spiralen aus Draht (Iridiumplatin, Nickel, Stahl u. s. w.), welche auf Eisenplatten in Email isoliert eingebettet werden. Durch diese Einbettung in Email wird eine Oxydation der Heizdrähte verhindert. Das Email muß hierbei derart zusammengesetzt werden, daß es sich beim Erhitzen gleich stark ausdehnt wie der Draht. In Fig. 89 *A* und *B* sind Kochapparate dargestellt, welche im Speisezimmer auf den Tisch gestellt werden können, um daselbst Tee, Kaffee u. s. w. zu bereiten. Leitungsschnüre mit Kontaktstöpseln gestatten wie bei einer gewöhnlichen Glühlampe für ungefähr 100 *V* die Einschaltung in die Starkstrom-

---

*) E. de Fodor: Die elektrische Schweißung und Lötung. Bd. XLIV der Elektrotechnischen Bibliothek. — F. Peters: Elektrometallurgie und Galvanotechnik. Elektrotechnische Bibliothek, Bd. LIII—LVI (1900). — R. Wieczorek: Elektrotechnische Zeitschrift XVIII (1897), S. 391.

leitung. **Jenny** stellt Heizplatten durch Einlegen von Platindrähten in eine feuerbeständige Masse her. Das Plätteisen, Fig. 90, enthält die unschmelzbare Heiz-platte b, welche von der Bodenplatte des Plätteisens durch eine Glimmereinlage a isoliert und durch ein Gewicht k beschwert ist und bei welchem dem Platin-drahte c der Strom durch die Klemmen b_1 b_2 zuge-führt wird.

Helberger verwendet in seiner Spezialfabrik für elektrische Heizapparate Drähte, welche er durch Auf-

Fig. 89.

fassen von Glasperlen isoliert und nach dem Aufbringen derselben auf die zu heizenden Gefäße mit Steinkitt gegen Luftzutritt vollkommen abschließt. Zur Erzielung geringerer Hitzegrade gelangt Draht aus einer Nickel-legierung zur Verwendung, während für starke Hitze mit Glimmerplatten isolierter Platindraht benützt wird.

Bezüglich der Kosten macht Helberger*) folgende Angaben; Ein Kubikmeter Raum bedarf zum An-heizen eine Energie von 45 Watt und dann noch zum Warmhalten 15 Watt, somit ein Zimmer von 100 m^3 zum Anheizen 45 A bei 100 V und zum Warmhalten 15 A. Dies würde zu einem Grund-preise von 2 Pf. pro Hektowattstunde (ermäßigter

---

*) Elektrotechnische Zeitschrift XIX (1898), S. 249.

Urbanitzky, Das elektrische Licht, 4. Aufl.   14

Preis) für Kraftverbrauch 30 Pf. Beheizungskosten für die Stunde ergeben, was im allgemeinen viel zu teuer ist. Die elektrische Beheizung würde sich also nur bei sehr billiger Wasserkraft oder etwa in Häusern mit Zentralheizung während der Übergangszeiten, in welchen man wegen eines einzigen Raumes nicht das ganze System in Betrieb setzen will, empfehlen. Günstiger stellt sich der Kostenpunkt beim elektrischen Kochen. Es kostet bei dem angegebenen Grundpreise:

Fig. 90.

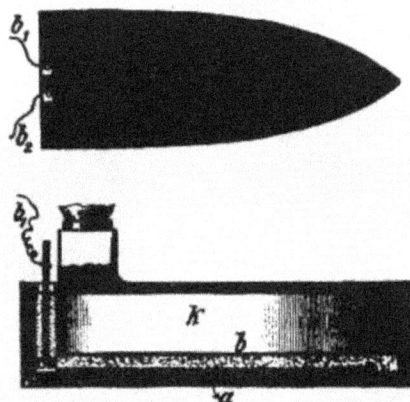

1 l Wasser kochen. . . . . 2·3 Pf.
1 Stunde Bügeln . . . . 7·5 »
Wasser für vier Tassen Kaffee auf der Wiener
    Kaffeemaschine kochen. . . . . 1·0 »
Haarbrenneisen-Wärmen bis zum Gebrauch . 0·5 »
    Nach einem Verfahren von **Schindler** und **Jenny**, welches auch **Stotz** angenommen hat, werden Heizkörper in der Weise erzeugt, daß man Platindrähte von 0·1 bis 0·15 mm Durchmesser spiralig um Asbestschnüre windet und zwar in engen Spiralen für starke Hitze und in weiteren Spiralen für geringere Hitze oder auch in der Weise, daß Heizspiralen schneckenförmig

gewunden in einer Chamotteplatte eingelegt und mit Glimmer abgedeckt werden.

Die **Prometheus-Kochgeschirre** besitzen an Stelle der Heizdrähte dünne Edelmetallschichten, wie sie in der Tonwarenindustrie zur Dekoration von Porzellan und Email gebräuchlich sind. Die meisten dieser Heizapparate bestehen aus eisernen emaillierten Gefäßen, wobei der Eisenkörper als Träger des Emails und dieses als Isolation der Widerstände dient. Das Edelmetall wird in Lösungen aufgetragen und im Muffelofen eingebrannt. Die Anordnung der aus Metallstreifen in dieser Art hergestellten Widerstände ist so gewählt, daß einerseits die gegebene Oberfläche für eine möglichst gleichförmige Wärmeverteilung entsprechend ausgenützt erscheint und daß anderseits eine ausreichende Wärmeregulierung, wie eine solche auch bei anderen Systemen vorgesehen ist, ermöglicht wird. Es sind vier Wärmestufen vorgesehen, die, wie die schematische Darstellung der Widerstände in Fig. 91 erkennen läßt, erhalten werden:

Fig. 91.

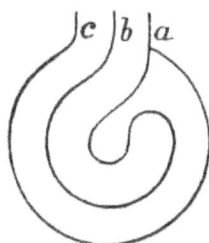

1. durch Anschließen von *a* an eine Stromzuleitung und von *b* und *c* an die andere; 2. durch Anschließen von *a* an die eine, von *b* an die andere; 3. durch Anschließen von *a* an die eine und *c* an die andere und endlich 4. durch Anschließen von *b* an die eine und *c* an die andere Stromzuleitung. Die letzte Stufe ist so bemessen, daß die Wassermenge, welche der betreffende Topf aufnehmen kann, ungefähr auf gleicher Temperatur erhalten bleibt. Die Enden *a b c* sind durch vermehrte Metallanhäufung zu Kontakten ausgebildet und werden durch Lötung mit Zuleitungsstreifen versehen, welche die Verbindung der eigentlichen Heizstreifen mit dem Außentopf vollziehen. Die Außengefäße sind in Email oder Nickel ausgeführt, haben drei Kontaktstifte und werden

mit den Innengefäßen verlötet. Die Außengefäße dienen hauptsächlich als Schutzhülle für die Widerstände gegen mechanische Beschädigung, während die dazwischen befindliche Luftschicht als Wärmeisolator wirkt. Als Beispiele der praktischen Ausführung der Prometheus-Apparate sind in den Fig. 92, 93 und 94 ein kleiner Bratrost, ein Soxhletwärmer und ein Brenneisenerhitzer abgebildet. Der Anschluß der Apparate an die Starkstromleitung erfolgt durch eine Leitungsschnur mit Kontaktstöpseln geradeso wie bei den tragbaren Glühlampen.

Fig. 93.

Fig. 92.

Die Anwendung von Drähten oder Metallstreifen und Metallbändern bei Heizkörpern erfordert, da die Metalle sehr gute Elektrizitätsleiter sind, große Längen dieser metallischen Leiter bei geringen Querschnitten, da nur auf diese Weise Widerstände erreichbar sind, welche eine entsprechende Erhitzung ermöglichen; dasselbe gilt, wenn auch in geringerem Grade, von der Kohle. Diese Umstände haben **Le Roy***) veranlaßt, von der Verwendung der Metalle ebenso wie auch von jener der Kohle für die Herstellung von Heizkörpern

---

*) L'éclairage électrique, T. XVII (1898), S. 154.

ganz abzusehen und an ihrer Stelle das Silicium zu wählen. Le Roy hat gefunden, daß Silicium einen ungefähr 1400mal größeren Leitungswiderstand besitzt als Kohle und einen beiläufig 200.000mal größeren als Messing, Neusilber u. dgl. Man kann deshalb dem Silicium einen viel größeren Querschnitt bei bedeutend geringerer Länge geben. Der elektrische Leitungswiderstand des Siliciums ist größer oder kleiner, je nachdem gepulvertes, gepreßtes oder gebranntes Silicium verwendet wird. So ergab sich z. B. für agglomeriertes Silicium bei einem Querschnitte von $40\,mm^2$

Fig. 94.

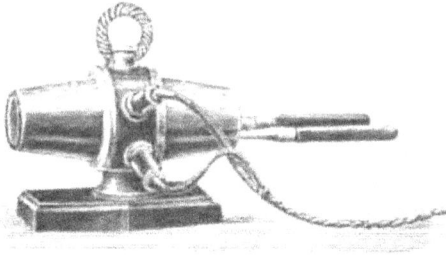

und einer Länge von $10\,cm$ ein Widerstand von 25 bis 200 Ohm.

Der größere Querschnitt und die geringere Länge ergibt für den Heizkörper eine geringe Raumbeanspruchung und eine handliche Anordnung, während der verhältnismäßig große Querschnitt eine große Fläche für die Wärmeausstrahlung mit sich bringt. Eine Schwierigkeit, die bei der Anwendung von Metallen für Heizkörper zu überwinden ist, besteht auch darin, daß die wegen ihrer guten Leitungsfähigkeit sehr dünn herzustellenden metallischen Leiter sowohl gegen mechanische Einwirkungen als auch gegen Oxydation besonders geschützt werden müssen. Man schließt sie daher in ein Email ein, welches zwar ein

möglichst guter Isolator, aber auch ein guter Wärmeleiter
sein soll, Eigenschaften, welche gleichzeitig nicht ganz
leicht zu erreichen sind. Auch bereitet der verschiedene
Ausdehnungskoeffizient des Emails und der Metalle
Schwierigkeiten. Ferner kann wegen der Schmelzbar-
keit des Emails die Temperatur nicht viel über 300° C.
erhöht werden, was deshalb unvorteilhaft ist, weil die

Fig. 95.

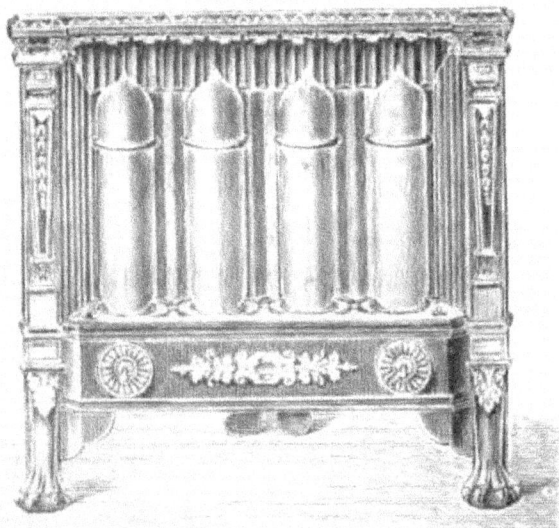

Wärmeausstrahlung sehr rasch mit der Temperatur
wächst. Siliciumstäbchen können hingegen auf 800° C.
erhitzt werden und Kohle sogar auf 1800° C., was die
Anwendung der letzteren bei Heizkörpern noch vorteilhafter als die des Siliciums erscheinen läßt. Tatsächlich werden auch Heizapparate unter Anwendung
von Glühlampen gebaut, wie dies z. B. Fig. 95, welche
einen elektrischen Kamin darstellt, erkennen läßt.
Wenn Le Roy trotzdem Silicium der Kohle vorzieht,
so hat dies in dem ungefähr 1400mal größeren

Leitungswiderstande des Siliciums, verglichen mit jenem der Kohle, seinen Grund, es ergibt sich hieraus für die Einheit der nutzbaren Heiz- oder Ausstrahlungs- fläche eine viel größere Ausstrahlung. Als weiterer Vorzug des Siliciums wird angegeben, daß sich bei der im Laufe der Zeit doch eintretenden Oxydation Kieselsäure bildet, die als fester Körper das Silicium umhüllt und gegen weitere Oxydation schützt, während bei der Kohle durch ihre Oxydation Gase entstehen, die sich verflüchtigen. Immerhin schließt Le Roy

Fig. 96.

auch seine Siliciumstäbchen in luftentleerte Glasge- fäße ein.

Die Heizelemente, aus welchen Le Roy seine Heizkörper zusammensetzt, Fig. 96, bestehen aus möglichst reinen Siliciumstäbchen, welche an ihren Enden metallisiert und mit starken Kupferfassungen verbunden sind. Aus den Glasröhren, welche die Siliciumstäbchen zu ihrem Schutze einschließen, ist die Luft ausgepumpt. Die Stäbchen erhitzen sich bei geeigneter Stromstärke fast in ihrer ganzen Länge auf 700—800⁰ C., während ihre Fassungen dank ihrer massigen Bauart bedeutend unter diesen Temperaturen bleiben. Die Abbildung läßt auch die einfache Art, in

welcher die Heizelemente eingesetzt oder ausgewechselt
werden können, erkennen.

In Fig. 97 ist ein Radiator oder Heizkörper in
Schirmform abgebildet, welcher mit zehn Heizröhren

Fig. 97.

ausgerüstet ist. Dieselben können auch in gebräuchliche Heizkörper für Gas, z. B. in Kamine, Trocken-
schränke u. s. w. ohne besondere Schwierigkeiten eingesetzt werden. Die Regelung der Temperatur erfolgt
wie bei Gas durch Drehung von Hähnen oder
Schaltern, wodurch mehr oder weniger Heizröhren

eingeschaltet werden. Die Dauer einer Heizröhre wird mit 800—1500 Brennstunden angegeben. Das Energieerfordernis zur Erreichung der normalen Glühtemperatur beträgt 135—150 Watt, so daß eine Heizröhre nach ungefähr 180 Kilowattstunden durch eine neue ersetzt werden muß; hierbei wird der Preis derselben mit 5 Frcs. angegeben.

Fig. 98.

Ein Nachteil der Heizkörper von Le Roy liegt in der Anwendung von Glasröhren, da sich das Glas nach und nach zersetzt und dann die Wärmestrahlen statt durchzulassen verschluckt, wodurch schließlich das Glas bis zum Schmelzen oder doch Erweichen gebracht wird; derselbe Übelstand haftet auch den unter Verwendung von Glühlampen gebauten Heizvorrichtungen an. Dieser Übelstand veranlaßte **Parvillée Frères & Co.** zur Herstellung von Heizkörpern aus Heizelementen, welche in freier Luft zum Glühen gebracht werden können. Hierbei wurden auch die sonstigen Anforderungen, welche für elektrische Heiz-

vorrichtungen gestellt werden müssen, im Auge behalten. Die Heizkörper müssen nämlich so viel Wärme
abgeben, als der empfangenen elektrischen Energie
entspricht, weil eine geringere Abgabe ein Ansteigen
der Temperatur bis zur Zerstörung der Heizkörper zur
Folge haben müßte. Die in der Zeiteinheit abgegebene
Wärmemenge muß auch eine gewisse Höhe erreichen,
namentlich beim Kochen und Braten, da hierbei nicht
wie bei der Beheizung eines Raumes eine oder mehrere
Stunden vorher geheizt werden kann. Geringe Raum-

Fig. 99.

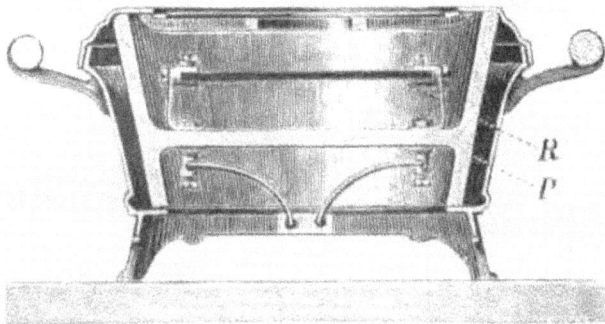

beanspruchung, leichte Handhabung, Dauerhaftigkeit,
niedriger Anschaffungspreis und guter Nutzeffekt sind
weitere Bedingungen allgemeiner Art. Die Benützung
metallischer Drähte, Bänder oder Netze hat den Nachteil, daß der Wattverbrauch durch das Schmelzen des
Emails und der Metalle begrenzt ist, daß also die
Apparate für ein Maximum von Kalorien in der Zeiteinheit gebaut werden müssen und daher eine Überschreitung zur Zerstörung des Apparates führt. Auch
die häufig zu treffende Einrichtung, daß der Heizkörper mit dem Kochgeschirre unmittelbar verbunden
wird, ist nicht praktisch, weil dies ein besonderes
Kochgeschirr bedingt.

Unter Beachtung der vorstehend angegebenen Verhältnisse schlägt nun Parvillée*) folgendes Verfahren ein: Irgend ein Metallpulver wird mit einem keramischen Produkte verschmolzen, so daß das Ganze einen großen elektrischen Widerstand bei großer mechanischer Festigkeit erhält. Es können hierzu zwar alle Metalle verwendet werden, doch am besten eignet sich das Nickel wegen seiner hohen Schmelztemperatur (1400—1600⁰ C.). Das Nickelpulver wird mit Quarz, Kaolin und einem Flußmittel verrieben, die Mischung unter einem Drucke von 2000 kg auf das Quadratcentimeter hydraulisch in Stäbchen von rechteckigem Querschnitte gepreßt und die so erhaltenen Stäbchen werden dann getrocknet und bei 1350⁰ C. gebrannt. Durch Veränderung des Mischungsverhältnisses des Nickelpulvers mit den anderen Bestandteilen ergeben sich verschiedene Leitungswiderstände, was zur Herstellung von Stäbchen benützt wird, welche im mittleren Teile einen größeren Widerstand haben als an ihren beiden Enden. Man erreicht dadurch, daß sich die Stäbchen an ihren Enden, also an ihren Befestigungsstellen, bedeutend weniger erhitzen als in der Mitte, wodurch ihre und die Dauerhaftigkeit der Anschlußteile erhöht wird.

Zur Erreichung eines entsprechend großen Gesamtwiderstandes erhalten die Stäbchen geringe Abmessungen, z. B. 5 cm Länge bei 3 cm Breite und 1 cm Stärke; ein solches Stäbchen hat einen Gesamtwiderstand von ungefähr 100 Ohm. Für Beheizung können die Stäbchen einen geringeren Widerstand erhalten, um eine größere Intensität nutzbar zu machen. Sie können für das Kilogramm bis zu 16.500 Watt aufnehmen. Die Raumbeanspruchung der aus solchen Stäbchen gebildeten Heizplatten ist eine sehr geringe, die erreichbare Temperatur eine sehr hohe; letztere

---

*) L'éclairage électrique, T. XVIII (1899), pag. 138.

reicht aus, um einen daraufgelegten Kupferdraht zum
Schmelzen zu bringen. Der Preis soll bei einem
Widerstande, der 9 A bei 110 V aufnimmt, zwei
Franken nicht überschreiten.

Ein mit den beschriebenen Heizstäbchen her-
gestellter Herd ist in Fig. 98 in Ansicht und in Fig. 99
im Schnitte abgebildet. Er ist aus emailliertem Eisen-
bleche verfertigt, mit Heizringen versehen und kann
für alle gebräuchlichen Kochgeschirre Verwendung
finden. Die Widerstände R sind durch biegsame Kupferstreifen gehalten, welche die Ausdehnung der Widerstände ermöglichen. Bei Zerstörung ist eine Auswechs-
lung leicht ausführbar. Die Kupferstreifen sind auf
einem Porzellankörper P befestigt, welcher gleichzeitig als Gestelle und als Wärmereflektor dient. 1 l
Wasser kann mit einem Aufwande von 15 A bei
110 V in weniger als fünf Minuten zum Kochen gebracht werden. Werden die Heizapparate, wie dies
auch häufig geschieht, nicht für eine allgemeine Verwendung, sondern für einen bestimmten Zweck gebaut, so kann hierbei der Nutzeffekt eine Steigerung
erfahren, wie dies z. B. bei dem in Fig. 100 abgebildeten Siedetopf der Fall ist. Dieser Heizapparat
kann allerdings nur einerlei Gefäße aufnehmen, gestattet aber durch die Versenkung des Gefäßes in den
Heizapparat hinein eine bessere Wärmeausstrahlung.

Wenngleich die elektrische Heizung in Bezug auf
Reinlichkeit, Bequemlichkeit, Feuersicherheit, geringe
Raumbeanspruchung, in gesundheitlicher Beziehung
u. s. w. allen übrigen Beheizungsarten weitaus überlegen ist, kann doch gegenwärtig an eine allgemeine
elektrische Beheizung geschlossener Räume nicht gedacht werden, da sich die Betriebskosten einer
elektrischen Beheizung viel zu hoch stellen. In besonderen Fällen jedoch und namentlich dort, wo der Kostenpunkt nicht ausschlaggebend ist, ist die elektrische
Heizung mitunter am Platze und auch tatsächlich bereits

in praktischer Verwendung. So bildet z. B. die **Beheizung der Straßenbahnwägen** namentlich in Län-
dern mit rauhem Klima eine sehr wichtige Frage. In
Nordamerika werden diese Wagen mit Kohlen- oder
Koksöfen geheizt, was aber außer der hohen Feuer-
gefährlichkeit mancherlei Unzukömmlichkeiten mit sich
bringt; der Ofen nimmt einen Raum ein, der sonst

Fig. 100.

durch einen Fahrgast besetzt werden kann, er erzeugt
in seiner unmittelbaren Nähe überflüssige Hitze und
läßt entferntere Wagenplätze zu kalt und auch die
Kosten sind keine ganz unbedeutenden. Wird nun die
Straßenbahn ohnehin elektrisch betrieben, so liegt es
nahe, auch für die Beheizung den elektrischen Strom
heranzuziehen. Die Beheizung erfolgt einfach durch
Drahtwiderstände, die in größerer oder geringerer
Menge im Wagen untergebracht, nach Bedarf ein-
und ausgeschaltet werden. Ein solcher elektrischer
Heizkörper, wie er z. B. auf der Straßenbahn in

Buffalo in Verwendung kam, ist in Fig. 101 abgebildet; er ist in einem Kasten aus durchbrochenem
Blech eingeschlossen und kann sowohl am Fußboden
befestigt als auch unterhalb der Sitze aufgehängt
werden, beansprucht daher keinen anderweitig nutzbaren Raum.*)

Ein besonderes Anwendungsgebiet ergibt sich auf
den großen Personendampfern zur **Beheizung der
Kabinen,** wo die leichte Führung elektrischer Leitungen,
der geringe Energieverlust in diesen Leitungen gegenüber jenem in Dampfleitungen, das leichte Unter-
bringen der kleinen Heizkörper und der große Nutz-

Fig. 101.

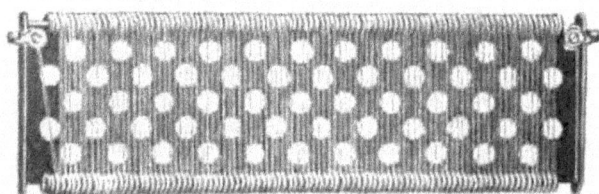

effekt neben der Feuersicherheit und Betriebssicherheit
besonders zur Geltung kommen und auch die Wirtschaftlichkeit nicht gar zu weit hinter jener einer
Dampfheizung zurücksteht. Siemens & Halske**)
haben für diese Zwecke Heizkörper hergestellt, wie
solche in den Figuren 102 und 103 dargestellt sind.
Fig. 102 ist ein Kabinenofen mit zwei Heizstufen für
Luxuskabinen von Schnelldampfern, der aber natürlich
auch für andere Zwecke benützt werden kann. Seine
normale Leistung (600 Kalorien in der Stunde, entsprechend ungefähr 700 Watt) kann auch erheblich
gesteigert werden. Der kleine Kabinenofen, Fig. 103
(430 Kalorien beziehungsweise 500 Watt), für gewöhn-

---

*) L'éclairage électrique, T. IV (1895), pag. 447.
**) Elektrotechnische Zeitschrift XX (1899), Nr. 44.

liche Kabinen gibt ein Beispiel eines besonders einfachen und billigen Heizkörpers, der wagrecht oder
senkrecht aufgestellt für die verschiedensten anderen
Zwecke, so auch in mehreren entsprechend verteilten

Fig. 102.

Fig. 103.

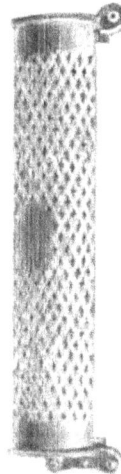

Exemplaren für denselben Raum Verwendung finden
kann.

Über elektrische Heiz- und Kochanlagen berichtet
Prücker,*) daß gegenwärtig die Anlagekosten einer
vollständigen Einrichtung für Küche, Eßzimmer und
Schlafzimmer auf ungefähr 920 Mark bei einem Haus-

---

*) Elektrotechnische Zeitschrift XXIII, (1902) S. 873.

hälte von drei Personen ausmachen. In diesem Preise
ist eingeschlossen ein Herd, welcher mit weißglasierten
Steingutfliesen belegt ist, zwei Wasserkessel verschiedenen Inhaltes, ein Kochtopf, eine Bratkasserole,
eine Omelettepfanne, eine französische Kasserole sowie
die verschiedenen Anschlußschnüre, Sicherungen u. s. w.
Wird die Küche auch noch mit einem Kartoffeldämpfer,
Spargelkocher, Fischkessel, Suppenschüssel und Rotissoir
ausgestattet, so erhöhen sich die Kosten um ungefähr
540 Mark, so daß die Gesamtanlage einer solchen vervoll-
ständigten Einrichtung sich rund auf 1500 Mark stellt.
Der Stromverbrauch beträgt unter der Annahme, daß
die kleinen Apparate für das Schlafzimmer und Eßzimmer an die Lichtleitung angeschlossen sind, während
für die Kochapparate ein eigener Kraftzähler aufgestellt
wird, ungefähr 25 Hektowattstunden pro Tag.
Zum Kraftpreise von 2 Pf. berechnet, ergibt das einen
täglichen Kostenaufwand von 70 Pf. Einschließlich
Zählermiete sowie Stromverbrauch für alle übrigen
Apparate stellt sich die Gesamtausgabe auf monatlich
24 Mark. Das elektrische Kochen kommt also allerdings
teurer als das Kochen mit Gas, wobei aber zu berück-
sichtigen ist, daß eine Verschwendung des elektrischen
Stromes für Kochzwecke wenigstens bei selbständigen
elektrischen Kochapparaten ausgeschlossen ist, da diese
Apparate ausgeschaltet werden müssen, sobald das
Gericht fertig gekocht ist. Immerhin haftet aber derartigen Kochapparaten noch der Nachteil an, daß sie
leicht reparaturbedürftig werden.

Zu den besonderen Anwendungen der elektrischen
Heizung sind auch das **elektrische Plätteisen** und das
Auftauen eingefrorener Wasserröhren*) zu zählen.
Ersteres hat Göthel in seiner Wäschefabrik in Santer
bei Aue eingeführt und wird daselbst der elektrische
Strom zum Betriebe von ungefähr 60 Plätteisen ver-
wertet. Eine Dampfmaschine von 40 *PS* überträgt ihre

---

*) Elektrotechnische Zeitschrift XX (1899), 245.

Arbeit unmittelbar auf eine Dynamomaschine, welche außer den Plätteisen auch gleichzeitig die Glühlampen und einige Elektromotoren zum Antriebe von Schleudermaschinen und Zuschneidemaschinen u. s. w. zu speisen hat. Jede Plätterin hat es in der Hand, ihr Eisen augenblicklich in Betrieb oder außer Betrieb zu setzen. Der Kern der Plättglocke besteht aus einer Asbestsohle mit Platindraht; dieser wird beim Durchleiten des elektrischen Stromes glühend und gibt seine Wärme an die äußere Umhüllung des Plätteisens ab. Eine derartige Erhitzung hat offenbar vor den übrigen bis jetzt angewandten Methoden (Plättstahl, Gasfeuerung u. s. w.) mannigfache Vorzüge; die Wärmeabgabe ist eine äußerst gleichmäßige, Handhabung und Betrieb sind sehr einfach und reinlich, so daß diese bedeutenden Vorteile auf alle Fälle ein rationelles Arbeiten sichern.

Beim Auftauen eingefrorener Wasserröhren handelt es sich gewöhnlich um die Zuleitungsröhren zu den Häusern oder in denselben, welche zumeist weniger tief verlegt werden als die Hauptleitungen und daher bei anhaltenden strengen Frösten einfrieren. Bisher wurde das Auftauen sehr umständlich und kostspielig bewerkstelligt, indem man z. B. das Erdreich zunächst durch darüber angemachtes Feuer auftaute, dann aufgrub um zu den Röhren zu gelangen und endlich diese selbst durch Feuer, Dampf oder heißes Wasser zum Auftauen brachte. Soden in Chicago hat nun, von dem Gedanken ausgehend, daß zum Auftauen eines Rohres demselben nur eine bestimmte Wärmemenge zugeführt werden muß, dieses Rohr als einen durch den elektrischen Strom zu erwärmenden Widerstand behandelt. Zu diesem Behufe wird die elektrische Leitung einerseits an den nächstliegenden zugänglichen Punkt des Hauptstranges und anderseits an einen innerhalb des Gebäudes liegenden Punkt des Zuleitungsrohres angeschlossen. Als Stromquelle dient ein kleiner Transformator, dessen sekundäre Wicklung in Abteilungen zerlegt und derart mit einem Mehrfachschalter verbunden ist, daß man die Spannung in Abstufungen von 5 zu 5 V einregulieren kann. Zur feinen Einregulierung dient eine Drosselspule mit beweglichem Kerne, die in die 100 V Primärleitung (Abzweigung einer gewöhnlichen Lichtleitung) eingeschaltet ist. Das Rohr wird nur ungefähr handwarm gemacht, da durch eine stärkere Erhitzung ein etwa aus Blei bestehendes Rohr geschmolzen werden könnte. Auch ist es zweckmäßig, um Feuersgefahr zu vermeiden, das Rohr jenseits des Stromkreisanschlusses von der übrigen Rohrleitung abzutrennen. Das Auftauen geht auch bei Anwendung mäßiger Wärme ziemlich rasch vor sich. So wurde z. B. ein 25 mm weites Bleirohr durch einen Strom von 150 A unter 25 V Spannung in 5 Minuten und in einem anderen Falle ein 20 mm Bleirohr durch einen Strom von 190 A unter 30 V Spannung nach 12 Minuten aufgetaut.

Auch die Professoren Wood und Jackson der Wisconsin-Universität haben auf elektrischem Wege Wasserröhren aufgetaut, und zwar ohne Abtrennung von der Hausleitung, ferner E. G. Pratt in den Städten De Moines und Beloit. In Plymouth mußte jedoch der Versuch wegen der dabei verursachten Störung des Telephonbetriebes aufgegeben werden.

Sachregister.

Namenregister.